ENERGIA

Tutto quello che è bene sapere 1

Disponibile edizione eBook: https://amzn.to/2kwsrtD

Elenco miei libri: https://amzn.to/35xVGjR

Ettore Accenti

Linkedin: Ettore Accenti

Blog: http://ettoreaccenti.blogspot.ch/

Energia
Tutto quello che è bene sapere 1

ISBN-13: 9798671864311
Rev. 1 feb 2022

L'immagina di copertina rappresenta l'energia artificiale che l'umanità produce partendo dalle energie fossili.

Primo volume della serie energia.

Energia, tutto quello che è bene sapere 1: https://amzn.to/3ELQJ69

Valori e consumi statistici, energia primaria ed elettrica, reti elettriche, cenni ambientali, centrali idroelettriche, a gas, a petrolio, a carbone, a solare. Eoliche, atomiche a fusione.

Secondo volume della serie energia.

Energia e clima, la grande questione. Tutto quello che è bene sapere 2: https://

Disanima sul riscaldamento globale e l'energia. Parigi COP25, Glasgow COP26, atmosfera terrestre in 4,7 miliardi di anni, carote di ghiaccio polari, rialzamento dei mari, ecc. ecc. e conclusioni.

Energia

Tutto quello che è bene sapere 1

Distiworld Publishing

Dedica

A mia moglie Eva, che ha corretto il testo e fornito molti utili suggerimenti.

L'autore

Il redigere questo libro mi è stato ispirato dalla mia vecchia passione per le centrali elettriche studiate al Politecnico di Milano per la laurea in Ingegneria.

Elettrotecnica.

Ora, quei lontani studi, mi hanno facilitato il lavoro anche se oggi le cose sono molto cambiate. A quei tempi si parlava di poche lire per il costo industriale del chilowattora e le principali problematiche consistevano nella stabilità delle grandi dighe e nel trasporto del carbone.

Non si parlava d'inquinamento atmosferico, di solare e di eolico e le centrali idroelettriche la facevano da padrone, mentre all'orizzonte apparivano, promettenti, le centrali atomiche di cui al Politecnico si cominciava a studiarne la struttura.

A questo riguardo ho ancora una mia esercitazione di allora in cui si doveva dimensionare l'impianto di raffreddamento per una centrale a fissione.

SOMMARIO

Premessa storica

La scoperta inconsapevole dell'energia da parte dell'umanità può sicuramente farsi risalire a centinaia di migliaia di anni fa, quando l'uomo riuscì per la prima volta ad afferrare il fuoco prodotto da qualche albero incendiato da un fulmine. Il nostro antenato scoprì così che con quel pezzo di legno infuocato riusciva a scaldarsi, e molti anni dopo, che il suo calore era efficace anche per cuocere i cibi.

Il grande salto tecnologico, tuttavia, lo fece quando imparò ad accendere il fuoco senza dover ricorrere alla casualità del fulmine e quindi ad utilizzarne a piacimento l'energia prodotta.

Molti anni dovevano passare prima che i nostri lontani antenati riuscissero a sfruttare altre forme di energia Naturale contenute nella forza dei venti e nello scorrere dell'acqua dei ruscelli per i loro primitivi mulini.

Tutto questo si aggiungeva all'energia animale che contemporaneamente aiutava la nascente agricoltura ed il trasporto.

Siamo poi intorno a diecimila anni fa quando la scrittura cominciò a far capolino aumentando la capacità umana di trasmettere conoscenza e tramandare sempre più precisi dettagli del procedere della civiltà.

Dovevano passare ancora molti anni prima che entrassimo in quella che noi oggi chiamiamo modernità tecnologica ed imparassimo a sfruttare nuove forme di energia come quella chimica prima e quella elettrica poi.

Un primo modo, un po' esplosivo, di sfruttare l'energia chimica lo possiamo far risalire all'uso della polvere da sparo ed ai vari dispositivi che dal medioevo abbiamo inventato per fare del male ai nostri nemici, e di conseguenza a noi stessi, per giungere qualche secolo dopo all' utilizzo dell'energia, questa volta non chimica, per creare delle "bombette" termonucleari in grado di radere al suolo l'intero nostro pianeta: un bel progresso tecnologico in pochi anni!

Così, il Rinascimento prima e la rivoluzione industriale poi, hanno visto la creatività tecnologica dell'umanità raggiungere vette incredibili: elettricità, macchine a vapore, motori a benzina, treni, automobili, telefoni, luce elettrica, navi senza vele, aerei, energia atomica, computer, conquista dello spazio e la digitalizzazione come nuovo linguaggio universale.

A cosa si deve questo incredibile e recente sviluppo tecnologico? La risposta è semplice: all'energia!

Sì, quando l'umanità ha scoperto l'enorme quantità di energia che il nostro Sole ha sotterrato sotto forma di carbone, petrolio e gas e noi abbiamo imparato a dissotterrarlo e ad usarlo per alimentare le nostre macchine, la nostra vita è completamente cambiata: da un miliardo di abitanti siamo cresciuti ad otto miliardi in poco più di un secolo, abbiamo raddoppiato la nostra vita media e migliorato a dismisura il nostro benessere.

Quell'energia, che il Sole ci ha a lungo conservato nel suo scrigno terrestre, è diventata l'artefice del nostro recente impetuoso sviluppo, solo che nel nostro terzo millennio ci siamo accorti che la nostra ingordigia di energia sta anche creando una reazione del nostro pianeta che appare contrattaccare avvisandoci di non esagerare, altrimenti, come direbbero gli antichi greci, Giove potrebbe scagliarci contro i suoi pericolosi fulmini!

E oggi noi stiamo tutti ragionando su cosa fare per evitarci qualche prossimo castigo della Natura: tante sono le domande, innumerevoli gli argomenti, discordanti le risposte: ecco il perché di questo mio libro.

La grande questione

Premetto che con questo mio ennesimo libro non intendo schierarmi a favore o contro le varie fazioni politiche, ma solo esporre nel modo più chiaro, semplice ed utilizzando i numeri, la situazione scientifica di fronte la quale l'umanità si trova per la prima volta.

Per farlo cercherò di impostare questo delicato discorso dal punto di vista meramente numerico, precisando subito che sarà il lettore a trarne delle conclusioni che comunque, nel migliore dei casi, non potranno che essere parziali per il semplice motivo che nessuno conosce il futuro: sono sufficienti, infatti, l'arrivo di una nuova invenzione o di un piccolo virus per stravolgere qualsiasi previsione, anche se molto ragionevole.

Sostanzialmente, da qualche decennio ci siamo resi conto che il procedere della nostra civiltà e il nostro Naturale ed egoistico desiderio di accrescere il nostro benessere, accompagnato dalla nostra straordinaria crescita, hanno cominciato a modificare l'ambiente in cui, da un paio di milioni di anni, viviamo.

Da sempre abbiamo modificato l'ambiente in cui vivevamo, ma essenzialmente solo localmente. Per migliaia di anni ci siamo rifugiati sulle palafitte per evitare altri esseri viventi pericolosi, abbiamo dissodato la terra per alimentarci con l'agricoltura, disboscato foreste per creare città, soggiogato animali per sfruttarne la forza ed il contenuto calorico, ma la combinazione tra l'entità della nostra recente ingordigia unita ai numeri raggiunti oggi della popolazione non si limita più a condizionare i nostri habitat locali, ma addirittura riesce ad influenzare il pianeta nel suo complesso.

Naturalmente la nostra cara "Madre Terra" non è che ne soffra più di tanto, esiste da 4,7 miliardi di anni e ne ha passate di tutti i colori: scontro tra pianeti da cui è nata la Luna, periodi glaciali e terrificanti caldi, meteoriti che ne hanno sventrato la superficie, eruzioni vulcaniche che hanno oscurato il cielo per millenni e chi più ne ha più ne metta.

Gli scienziati poi ci informano che possiamo stare tranquilli almeno per i prossimi 3 o 4 miliardi di anni prima che la Terra diventi inabitabile per cui, diciamocelo chiaramente, questa nostra Madre non corre grandi pericoli a causa di quello che noi possiamo farle.

Lasciamo quindi perdere affermazioni sproporzionate come "salviamo il pianeta", sicuramente questo pianeta si sa salvare da solo, come nei miliardi di anni passati.

Scendendo un po' più con i "piedi per terra", siamo di fronte all'egoistica domanda di come evitarci qualche prossimo mal di testa su come accrescere il nostro benessere e quello dei nostri discendenti senza rinunciare troppo a quanto abbiamo conquistato.

Questa è sostanzialmente l'amletica questione: "cosa decidere oggi affinché la nostra mamma non ci sgridi troppo e non sculacci anche i nostri nipotini per le nostre intemperanze".

Ricordiamoci bene che noi umani ragioniamo in anni e che i più dotati di noi ragionano in decenni, nulla per la Natura che ragiona in milioni di anni, se non miliardi.

Quanto detto potrebbe far pensare che allora sia inutile preoccuparci più di tanto, poiché sarà la Natura a mettere a posto le cose!

Ecco però che entrano in gioco due altri fondamentali fattori della nostra Natura che hanno a che fare con l'istinto di sopravvivenza individuale e della specie.

Questo istinto è comune a tutti i viventi, ma noi ne abbiamo acquisito uno in più e cioè la nostra capacità di capire la Natura, penetrarne i segreti e sfruttarli a nostro favore: con questo intendo che la nostra intelligenza, senza entrare in discorsi filosofi, ci spinge a scegliere il meglio per noi e per gli altri nell'ambito della nostra libertà, quella che chiamiamo etica.

Con questo breve discorso siamo così giunti al punto cruciale delle scelte che l'umanità oggi si trova a fare e che riguardano il nostro futuro, intendendo il futuro della specie e non di noi come individui.

Quando si parla di scelte si sottintende che ne esistono diverse possibili e, se queste fossero tutte fattibili, ecco che nascono posizioni diverse, fazioni che preferiscono la soluzione A e altre la B.

Tutto è assolutamente normale se il dibattito è informato e non prevenuto; anzi "deve" essere un dibattito perché solo così possono essere sviscerati tutti gli argomenti e si può giungere a delle scelte ponderate.

Con questa premessa potremmo passare a discutere di energia, di cambiamenti climatici e di tutte quelle questioni di cui oggi sono pieni i giornali e le conferenze, ma non è così semplice, dobbiamo prima essere d'accordo su una questione importantissima la cui decisione non può essere nascosta.

Dobbiamo rispondere alla domanda: "Siamo forse in troppi su questo pianeta"?

In fondo, a parte gli insetti, nessun altro essere vivente si é diffuso così tanto sul nostro pianeta di cui stia mangiando le risorse così velocemente. Dobbiamo preliminarmente scegliere un SI o un NO a questa esiziale domanda che lascio al lettore.

Se la risposta fosse SI allora la soluzione sarebbe semplice: fissiamo, per esempio a 5 miliardi il numero di umani che possono occupare il pianeta, magari definendo anche il livello dei loro consumi, e così saremmo certi di risolvere in un sol colpo riscaldamento globale, rifiuti, ecc. ecc.

Se scegliamo NO allora le altre scelte a cascata si complicano in maniera infinita e per quanto riguarda l'energia, oggetto di questo libro, dovremmo procurarcene una quantità pure infinita per conservare, anzi aumentare, il nostro benessere attuale e dei nostri numerosi (si spera) pro-pro-pro-pronipoti.

Non so quale sia la scelta di chi mi legge, ma la mia é stata, da quando ero studente molti anni fa, il NO. Noi dobbiamo crescere all'infinito, dobbiamo conquistare il sistema solare (già fatto), la nostra galassia e l'universo intero!

Per questo avremo bisogno di un'enorme quantità di energia, dovremo scoprire come dominare i buchi neri e come viaggiare vicino alla velocità della luce.

Quel mio "NO" da studente, che significava credere nell'espansione in gran misura dell'umanità, mi era sorto perché allora mi ero divertito a fare un semplice calcolo.

Volevo capire quante persone avrebbero potuto abitare sulla Terra e feci quest'ipotesi: presa una superficie dell'ordine di dimensione dell'Italia, diciamo 300.000 km quadrati, e supponendo di costruire tanti condomini affiancati alti 100 metri, tutti con appartamenti per 3 persone di 100 metri quadrati ed alti 2,5 metri per ospitare famiglie di 3 persone, quanti abitanti riuscirebbero ad abitarci?

Il risultato mi aveva impressionato perché in quell'alveare di appartamenti da 100 metri quadrati avremmo potuto abitarci in qualcosa come 365 miliardi di persone!

Allora, pensai che risolti altri fattori come strade, alimenti, spazzatura e soprattutto energia, nel futuro per il nostro globo terraqueo non avrebbero dovuto esserci problemi per la nostra crescita.

Detto questo, torniamo con i piedi per terra e cominciamo ad analizzare come e quanta energia produciamo oggi per poi decidere come produrne in maggior quantità in futuro, senza disturbare troppo il pianeta.

L'Energia: cos'è

Il termine deriva dal greco ἐνέργεια (energheia) il cui significato racchiude "forza" in "azione".

Scientificamente esprime la grandezza che produce lavoro esattamente come attraverso i nostri muscoli l'energia contenuta nel corpo genera una nostra corsa.

Energia non va confusa con "potenza" ma la potenza sviluppa l'energia nel tempo. Se abbiamo un'auto in garage con una potenza di 100 cavalli-vapore (HP), questi cavalli non producono alcuna energia fino a che l'auto sta ferma.

Se usciamo dal garage e corriamo alla massima velocità, quel motore genererà l'energia che fa correre l'auto. Se l'auto corre alla massima potenza per un'ora, quel motore avrà generato 100 cavalli-vapore/ora o, in forma tecnica, 100 HPh.

E' molto importante non confondere le due grandezze come purtroppo avviene spesso nella letteratura non tecnica: un chilowatt (kW) è la misura della potenza elettrica, mentre il chilowattora (kWh) è l'energia elettrica che un motore elettrico con potenza di un chilowatt consuma in un'ora.

kW = potenza

kWh = energia

Se il motore sta fermo non consuma nulla, ma la sua potenza sarà sempre di un chilowatt.

Sembra ovvio, ma nel seguito di questo libro sottolineeremo spesso questa fondamentale differenza quando parleremo delle energie prodotte e consumate nel mondo riferendoci alle varie statistiche, che spesso creano confusione tra queste due grandezze.

Come vedremo esistono molti modi di misurare sia le potenze sia le energie ma, prescindendo da queste differenze, è sempre possibile passare dalle une alle altre. Nell'alimentazione, ad esempio, le energie si misurano in "calorie", ma si potrebbero esprimere in chilowattora (kWh), solo che storicamente il chilowattora viene utilizzato per esprimere l'energia elettrica consumata o prodotta e non l'energia contenuta negli alimenti.

Dell'energia se ne ha coscienza da molti millenni, anche se la sua profonda realtà ha illuminato il nostro mondo tecnologico da poco più di un paio di secoli: elettricità, vapore, petrolio ed energia atomica si sono poste provvidenzialmente al nostro servizio, ed ora dobbiamo farne buon uso.

La scoperta poi che tutto è energia, cioè che la materia non è altro che energia concentrata e che è così che l'universo intero mantiene accese le sue stelle trasformando la massa in energia, lascia sperare che noi, in futuro, se ne possa godere all'infinito.

Con questa prospettiva, sicuramente ottimistica, veniamo brevemente alle grandezze più comuni con cui si misurano le varie energie, e che spesso vengono citate dai mezzi di comunicazione, premettendo che in questo senso la confusione è grande, perché si mischiano grandezze storiche con grandezze scientifiche moderne: pensiamo al barile di petrolio, alla tonnellata equivalente di carbone, alle calorie, ecc. ecc., per cui appare a volte complicato ai non addetti ai lavori fare confronti tra diverse sorgenti di energia o fonti.

In questo libro trasformeremo tutte le grandezze energetiche in valori di energia elettrica (wattora, kilowattora, megawattora, gigawattora e terawattora) per consentire facili raffronti tra le varie situazioni.

Per il momento cominciamo ad indicare le grandezze energetiche più utilizzate nella documentazione tecnica, e spesso anche nella divulgazione.

Energia: come si misura

Storicamente sono sorte diverse unità per la misura sia della potenza e sia dell'energia. Ricordo che l'energia non è altro che potenza nel tempo (potenza x tempo) cioè rappresenta il "lavoro" che nel tempo una certa potenza può fare e quindi le due grandezze non vanno confuse come non mi stancherò di sottolineare, ma sono correlate.

Quindi, ad esempio, noi paghiamo la bolletta elettrica in base ai chilowattora (kWh) che consumiamo, quindi se teniamo acceso un fornello elettrico da un chilowatt per due ore paghiamo per il consumo di 2 chilowattora e così via.

In altre parole, energia e denaro sono equivalenti e questo è un punto da non dimenticare: più si è ricchi, maggiore è l'energia che si consuma. Questo è vero da millenni!

Segue l'elenco dei nomi delle principali unità di misura che si utilizzano nella tecnica e il loro simbolo per l'energia:

Principali unità di misura dell'energia

Simbolo	*Descrizione*
J	Joule
c	caloria (piccola caloria)
C	Grande caloria
HPh	Cavallo vapore/ora
TEP	Tonnellata Equivalente di petrolio
TEC	Tonnelata Equivalente di Carbone
Wh	Wattora
BTU	British Thermal Unit

A cui sono da aggiungersi i loro multipli e i valori di conversione riportati nelle due tabelle che seguono.

Multipli più in uso delle unità di misura di energia

Simbolo	*Valore*
C	mille c
MJ	mille Joule
GJ	Un milione di Joule
TJ	Un miliardo di Joule
MTEP	Un milione di TEP
GTEP	Un miliardo di TEP
kWh	Mille Wh
MWh	Un milione di Wh
GWh	Un miliardo di Wh
TWh	Mille miliardi di Wh o un miliardo di kWh

Conversioni delle misura di energia

Unità	*Equivalenza*
1 C	1,16 Wh
1 C	4.180 J
1 MJ	329 Cal
1 kJ	278 Wh
1 MJ	278 kWh
1 GJ	278 MWh
1 TJ	278 GWh
1 Exajoule	278 TWh
1 MTEP	11,6 TWh
1 MTEP	11.600 GWh
1 MTEP	0,74 MTEC
1 MTEC	8,58 TWh
1 MWh	3.600 kJ
1 GWh	3.600 M J
1 TWh	3,6 TJ
1 HPh	0,746 kWh
1 BTU	0,293 Wh
1 MBTU	293 kWh

Nel prossimo capitolo analizzeremo il contenuto energetico delle varie sostanze, argomento alla base dei capitoli in cui tratteremo di come l'energia è prodotta.

Contenuti energetici

Il nostro pianeta fin dalla prima comparsa degli esseri viventi ha messo a loro disposizione varie fonti di energia che, per miliardi di anni, hanno permesso loro di crescere e prosperare fino a noi oggi.

La prima arriva da molto lontano, dal nostro Sole che, con il suo irraggiamento, illumina la Terra da 4,7 miliardi di anni.

Attualmente, questo irraggiamento porta alla Terra ogni ora 1,35 kWh per metro quadrato (mq) all'esterno dell'atmosfera, valore che si riduce a circa 0,5 kWh al suolo, in piena illuminazione.

Se si considera la sezione della Terra vista dal Sole, un semplice calcolo ci dice che ogni ora il Sole ci manda 174.000 TWh, che è circa l'energia primaria consumata dal mondo in un anno.

Questa enorme energia ha tenuto alla giusta temperatura il nostro pianeta consentendo alla vita di esistere ed inoltre ne ha alimentato lo sviluppo trasformandosi in varie sostanze come ad esempio il legno, principalmente col processo di fotosintesi delle piante attraverso le foglie, naturale predecessore del nostro fotovoltaico.

Non è mancato un grande contributo energetico dato alla Terra attraverso i suoi vulcani ed il suo nocciolo infuocato.

Questa energia si è aggiunta all'irraggiamento completando l'effetto del riscaldamento, a volte catastrofico, ma mediamente utile per la vita.

E' poi avvenuto un fenomeno incredibilmente fortunato per la nostra civiltà: nei milioni di anni in cui la vita di ogni tipo si é avvicendata sulla superficie terrestre, le sostanze vitali che si formavano per dar vita a vegetali ed animali, una volta morti, continuavano ad esistere, accumulandosi nel sottosuolo sotto forma di petrolio, carbone e gas.

Per centinaia di milioni di anni, alberi, pesci dinosauri e un'infinita quantità di esseri viventi, ormai scomparsi, ci hanno lasciato un'incredibile eredità di energia solare accumulata.

Scoperto recentemente il modo di estrarre questa ricchezza, in pochi anni l'umanità ha potuto svilupparsi raggiungendo vette impensabili in termini di numero di abitanti e benessere distribuito. Treni, auto, aerei, navi, fabbriche ed un'infinità di altre applicazioni hanno attinto a piene mani a quell'energia che il Sole sembra aver accumulato per noi sottoterra.

Le riserve che nostra madre Terra tiene per noi nella sua dispensa sotterranea, in base agli attuali consumi, si aggirano sui 50 anni per il petrolio, 60 anni per il gas e 150 anni per il carbone.

Tutto bene, tutto meraviglioso, solo che siamo stati piuttosto ingordi e lo saremo sempre più e così, ciò che la Natura ci ha "regalato" lavorando per cinquecento milioni di anni, noi lo stiamo bruciando in un paio di secoli: non male!

E non solo stiamo finendo quell'immensa risorsa in breve tempo, la stiamo anche utilizzando piuttosto sbadatamente tanto che la Natura stessa sembra volerci dire: "Ragazzi non esageriamo, mi sto veramente infuriando!".

Ci troviamo così a discutere sul cosa fare, su come migliorare la situazione e, come umanamente succede da millenni, formiamo fazioni per quale soluzione scegliere tra A e B.

Naturalmente non ho la soluzione e anche se l'avessi, sarebbe la C che verrebbe contestata da A e B. Continuando quindi l'aspetto puramente scientifico di questo libro, come mio costume, il mio contributo vuole essere solo quello di fornire uno specchio dei dati quanto più vicini alla realtà, lasciando al lettore il giudicare quanto gli viene proposto.

Fondamentale quindi conoscere dove, come e quando l'energia risiede e si sviluppa, ricordando con forza che comunque non esiste una soluzione unica, e questo è il vero problema.

Chiariamo quindi quanta e dove risiede l'energia, di cui tanto abbiamo bisogno, partendo dall'energia per kilogrammo di origine atomica secondo la formula:

$$E=mc^2$$

Quella scritta sopra è forse la più nota equazione al mondo. Il buon Albert Einstein riuscì nel suo anno mirabilis 1905 a dimostrare come la materia, o meglio, la massa non sia altro che energia concentrata. E non solo individuò questa incredibile realtà valida per tutto l'universo, ma calcolò anche quanta energia si ottenga convertendo la massa in energia.

In quell'equazione compare il quadrato della velocità della luce "c" che espressa in metri è un numero enorme, esattamente novanta milioni di miliardi di metri al secondo!

Il che porta all'incredibile risultato che, trasformando un chilogrammo di massa in energia, possiamo ottenere ben 25 terawattora o, ciò che è lo stesso, 25 miliardi di kilowattora.

Questo è all'incirca il consumo di energia elettrica dell'intera Italia in un mese!

Mi si dirà: "Ma allora siamo salvi, di energia ne abbiamo un'infinità!"

La risposta è SI, ma con un grande MA! Siamo infatti riusciti a crearci sistemi che sfruttano quell'equazione e, come sempre ha fatto l'umanità nel passato, prima di tutto l'abbiamo usata per crearci delle spaventose armi: le bombe di Hiroshima e Nagasaki del 1945 trasformavano alcuni grammi di massa in energia facendo un bel botto!

Poi siamo riusciti ad inventare le centrali atomiche così dette di fissione che, sfruttando quella conversione di massa in energia in modo controllato, producono energia elettrica: fino ad ora ne abbiamo costruite oltre 400!

Poi ci siamo accorti che assieme all'energia ci creavamo qualche problemino con le scorie radioattive ed i loro guasti: ora le stiamo smantellando.

Per la verità abbiamo anche studiato un altro processo detto "fusione atomica" con il quale potremmo produrre molta energia, forse senza i problemi della fissione, ma siamo ancora ben lontani dal conseguire risultati concreti. Ne tratteremo nel capitolo dedicato alle centrali a fusione atomica.

La tabella che segue riassume il contenuto energetico a livello atomico in base all'equazione di Einstein:

Energia di origine atomica in un kg di massa

Tipo	*Energia*
Equivalenza massa-energia (E=mc^2)	25 TWh
Energia di legame nucleo Elio-4	191 GWh
Energia di legame nucleo Elio-3	164 GWh
Fusione nucleare (Sole)	180 GWh
Fusione nucleare (deuterio-trizio)	94GWh
Fissione nucleare (U235 puro)	24GWh
Fissione autofertilizzante	24 GWh
Fissione (uranio arricchito 3,5%)	3,5 GWh
Fissione (Uranio arricchito 0,7/%)	0,4 GWh

Un secondo tipo di energia non chimica è quella meccanica che da secoli sfruttiamo togliendola dall'acqua che scorre e dal vento che soffia:

Energia meccanica

Tipo	*Energia*
Energia caduta acqua in diga alta 100 m di 1 kg	0,28 Wh
Energia vento	Legge di Betz

Abbiamo inoltre trovato il modo di sfruttare l'energia chimica contenuta nelle sostanze come petrolio, carbone, gas e molte altre i cui valori sono riportati nella tabella che segue:

Energia di origine chimica in un kg di massa

Tipo	*Energia*
Idrogeno liquido (-235C°)	40 kWh
Idrogeno gassoso	40 kWh
Metano	15 kWh
Gas naturale	15 kWh
GPL propano	15 kWh
GPL butano	13,7 kWh
Benzina	13 kWh
Miscela etano E10	12 kWh
Miscela Etano E85	9,2 kWh
Olio Biodiesel vegetale	12 kWh
Petrolio	12 kWh
Butanolo	10 kWh
Carbone antracite	9 kWh
Etanolo	7 kWh
Metanolo	5,5 kWh
Idrazina	5,4 kWh
Legna	9 kWh
Lignite	5 kWh
Spazzatura domestica	2,2 – 3 kWh
Batteria a fluoruro	0,47 kWh
Batteria a ioni di litio	0,75 kWh
Batteria litio cloruro di tionile	0,70 kWh
Cella a combustibile	0,45 kWh
Condensatore	0,68 kWh
Batteria NiMH	0,06 kWh
Batteria piombo-acido	0,3 kWh

Va premesso che dobbiamo distinguere due grandi categorie energetiche per comprendere la situazione in cui oggi ci troviamo:

Energie primarie

Energie secondarie

Le prime, quelle primarie, sono le energie che non derivano da trasformazioni. Ad esempio, il petrolio ed il carbone sono energie primarie in quanto le troviamo con già dentro l'energia in Natura.

L'energia elettrica e l'idrogeno liquido sono energie secondarie in quanto per esistere richiedono che vengano prodotte utilizzando energie primarie.

In questo senso esiste una notevole confusione che porta spesso a trarre conclusioni errate per quanto riguarda il CO2 e l'inquinamento ambientale.

Ad esempio, è senz'altro vero che utilizzando idrogeno come carburante l'auto non inquina perché al suo scarico produce vapore d'acqua, ma l'idrogeno è un'energia secondaria e per produrla, se si usano petrolio o carbone, si finisce con l'inquinare di più che non usando direttamente il petrolio come carburante.

Svilupperemo più oltre in dettaglio questo argomento limitandoci in questo capitolo ad analizzare i dati del consumo di energia con riferimento all'anno 2019, di cui esistono statistiche complete, esprimendole tutte in terawattora (TWh) per comodità di confronto.

La tabella che segue riporta i consumi in diverse aree del mondo di energia primaria riportata nelle statistiche più recenti:

2019: consumo energia primaria nel mondo in terawattora (TWh)

AREA	*TOT*	*Petro*	*Gas*	*Carbo*	*Nucl*	*Idro*	*Rinno*	*% (*)*
MONDO	162.324	53.662	39.323	43.885	6.928	10.469	8.056	
Nord America	32.409	12.448	10.759	3.450	2.368	1.676	1.862	
Sud America	7.954	3.297	1694	411	61	1.771	759	
Europa	23.301	8.451	5.546	3.155	2.302	1.573	2.274	+68
Medio Oriente	10.753	4.948	5.588	111	17	83	33	
Africa	5.532	2.302	1.501	1.243	36	328	114	
Asia	71.602	19.888	8.707	33.977	1.604	4.420	3.005	
US	26.313	10.283	8.473	3.153	2.113	673	1.621	+10
Cina	39.392	7.759	3.075	22.704	865	3.147	1.843	+20
Russia	8.288	1.807	4.548	1.009	509	475	2,78	-88
Sud Corea	1.164	1.473	559	956	361	0,56	81	+87
Giappone	1.770	2.093	1.364	164	164	183	306	+89
India	9.452	2.846	598	5.176	111	389	336	+42
Indonesia	2.390	940	439	948	0	42	108	-90
Iran	3.430	1.090	2.241	14	17	72	0	-57
Australia	1.781	595	537	495	0	36	117	-172
Francia	2.691	876	434	75	990	145	170	+53
Germania	3.653	1.301	887	639	186	50	589	+66
Italia	1.763	692	737	83	0	111	178	+80
Spagna	1.590	756	361	58	145	61	209	+76
Svizzera	314	122	33	0	58	86,2	11	+53
Arabia Saudita	3.508	1.923	1.137	0	0	0	5,6	-162
Egitto	1.084	417	589	22	0	33	17	+14
Sudafrica	1.501	328	42	1.059	36	2,8	33	-5

(*) Percentuale importazione su energia primaria (+ importazione, – Esportazione)

Nella tabella, per energie rinnovabili si intende la somma di: geotermiche, biomasse, solari ed eoliche.

Sintetizzando la distribuzione in percentuali del consumo di energia primaria in base alle fonti è:

Consumi energia primaria 2019

Sorgente	*%*
Petrolio	33
Gas	25
Carbone	26
Nucleare	4
Idrico	7
Rinnovabili	5

Dei 162 mila TWh consumati nel mondo durante l'anno 2019 solo il 5% ha avuto origine dalle rinnovabili

Con parte di questa energia primaria si è prodotta la maggior parte dell'energia elettrica il cui consumo mondiale per l'anno 2019 è stato pari a 27.004 TWh.

Per quanto riguarda le energie primarie, escludendo quel 17% che dà origine all'energia elettrica, va detto che il rimanente 83% viene consumato quasi interamente per il riscaldamento e per il trasporto.

Ora si favorisce molto il passaggio di parte del trasporto da carburante fossile a energia elettrica e idrogeno, spesso dimenticando che la maggior energia elettrica richiesta deve comunque essere prodotta dall'energia primaria basata proprio sulla fossile e solo in minima parte da solare ed eolico.

Infatti, sono energie primarie anche le eoliche ed il solare in quanto non derivano dalle fossili ma estraggono l'energia direttamente dal vento e dall'irraggiamento solare. Ne tratteremo in seguito riferendoci ai dati disponibili.

Dalle statistiche del 2019 si rileva che di quel 5% di rinnovabili vi contribuiscono a livello mondiale circa il 3% le eoliche ed il solare. Questo 3% è destinato a crescere molto per l'effetto degli enormi incentivi introdotti da molti Paesi.

In conclusione, carbone, petrolio e gas sono largamente le fonti principali pari al 84 % e purtroppo sono anche all'origine delle emissioni di CO2 che creano l'effetto serra.

Dedicheremo un capitolo per approfondire l'importante questione dell'ambiente e del CO2 rilevando fin da ora che con questi numeri la soluzione al problema dell'inquinamento atmosferico non è semplice soprattutto se il fabbisogno energetico dei vari Paesi aumenterà.

Espedienti come auto elettrica, idrogeno e rinnovabili in genere non aiuteranno più di tanto perché per produrli, come abbiamo menzionato, dobbiamo bruciare petrolio e carbone spostando il problema dall'energia secondaria all'energia primaria.

Sempre in ambito statistico i decisori politici devono considerare anche altri dati come il consumo pro capite di energia primaria, scoprendo così quali enormi differenze esistono da Paese a Paese. A puro titolo d'esempio ne riporto qui alcuni dati.

Consumo pro capite energia primaria

Paese	*KWh*
Mondo	**21.045**
US	**79.523**
Europa	**34.360**
Germania	**43.729**
Italia	**29.150**
Svizzera	**36.557**
Cina	**27.466**
Russia	**56.795**
Egitto	**10.759**
Sud Africa	**25.632**
Africa altre nazioni	**1.834**

Osservando i numeri della tabella sopra dobbiamo porci la domanda di cosa accadrebbe se il miliardo di africani che consumano solo 1.834 kWh dovessero arrivare a consumare la metà della media mondiale per vivere un po' meglio.

Bisognerebbe raddoppiare l'intera produzione di elettricità ora prodotta con l'idroelettrico mondiale. E non è detto che gli africani si accontentino di così poco.

Con l'energia **atomica da fusione** sicuramente avremmo molta energia e poco inquinamento, ma questa soluzione è ancora molto lontana, come vedremo nel capitolo dedicato e questa soluzione. Infatti, questa nuova tecnologia forse risolverà i problemi del mondo, ma non prima della fine del XXI secolo e per il momento dobbiamo metterci il cuore in pace e sperare che il progetto internazionale ITER sul suolo francese venga accelerato.

Quello che dobbiamo fare, e che si fa, è utilizzare il carbone nel modo migliore possibile, creare invasi d'acqua laddove si può senza alterare troppo l'orografia del mondo, sfruttare al meglio l'energia solare ed eolica dove sole e vento sono disponibili senza sperare che siano sufficienti, costruire centrali atomiche sicure e ridurre al minimo il problema delle scorie.

Mettiamoci quindi tranquilli: per i prossimi cento anni non potremo fare a meno di bruciare carbone, petrolio e gas, di arricchire uranio per le centrali atomiche e di creare dei bei laghetti artificiali per produrre energia ed accumularla, solo dobbiamo fare tutto questo al meglio possibile: questa è la nuda e cruda verità!

Energia elettrica

In questo capitolo tratteremo della sola energia elettrica che è sotto la lente d'ingrandimento delle comunità e del mondo politico e sulle quali quest'ultimo deve decidere come produrla inquinando il meno possibile.

Dal punto di vista della de-carbonizzazione spesso alcuni includono tra le rinnovabili anche le idroelettriche che forniscono certamente un contributo positivo alla de-carbonizzazione perché non bruciano nulla. Ma allora sarebbe corretto includervi anche le energie del nucleare, come giustamente vorrebbe la Francia, visto che di centrali atomiche ne ha 60, e non producono un solo grammo di CO2.

Nel seguito terremo separata l'energia idroelettrica dalle energie rinnovabili, intendendo con rinnovabili al fine statistico, solo l'energia di origine, eolica, geotermiche, solare, biomassa e rifiuti.

Come abbiamo visto in precedenza, l'energia elettrica che il mondo consuma è solo il 17% dell'energia primaria, la rimanente parte pari all' l'83% rimarrà per lungo tempo non elettrica e di origine fossile.

Come visto, ora circa il 10% dell'energia elettrica è generato con le rinnovabili di cui eolico e solare rappresentano il 3% circa.

Nel capitolo precedente si sono visti i grandi sforzi ed investimenti che vengono spesi per aumentare questo 3%, percentuale che se riferita alla sola parte elettrica diventa per il mondo circa il 10% ed in alcuni Paesi, come l'Italia, addirittura il 20%.

Purtroppo, essendo energia fortemente variabile, la sua utilizzabilità in una rete ha dei limiti ben precisi per il suo costo e sia per l'impossibilità di modificarne il flusso come vedremo trattando delle reti. Ora è molto richiesta dai Paesi ricchi che possono permettersela, mentre Paesi in via di sviluppo e l'Africa tendono a percorrere strade meno costose come il carbone.

Se la de-carbonizzazione fosse l'obiettivo principale, allora sicuramente le due energie, idroelettrico e nucleare, la otterrebbero in grande quantità e senza il problema della variabilità. Anche queste hanno seri problemi: per le idroelettriche la necessità di grandi invasi d'acqua che alterano la Natura di zone immense e il nucleare con la radioattività e il problema delle scorie.

Prima di procedere dobbiamo fare preliminarmente una precisazione importante per non incorrere in errate conclusioni nel valutare le statistiche.

Dobbiamo distinguere fra tre tipi di grandezze elettriche molto usate:

Potenza elettrica installata (kW)

Energia elettrica lorda prodotta (kWh)

Energia elettrica consumata (kWh)

Potenza elettrica installata (kW)

Rappresenta la potenza di punta o di targa espressa in kW (o in MW, o in GW, o in TW) dell'impianto che genera energia elettrica.

Ad esempio, una grande centrale idraulica può avere una potenza di picco da 1 GW (un milione di chilowatt) e se funziona a piena potenza ogni ora genererà 1 GWh (un milione di chilowattora).

Ma se c'è siccità e poca acqua ed è costretta a funzionare a metà potenza produrrà metà dell'energia massima che potrebbe produrre, cioè 0,5 GWh.

Questa realtà è fondamentale e spesso viene o confusa o artatamente omessa per fornire statistiche che distorcono la realtà.

Un grande impianto eolico o fotovoltaico istallato con una potenza di picco di 1 GW producono alla massima potenza solo quando il sole illumina al massimo o il vento soffia al massimo.

La produzione di energia media che dipende da quei fattori sarà equivalente a una potenza media impiegata pari a un quinto della potenza di picco.

Gli ultimi dati forniti dalla Cina, il più grande produttore di rinnovabili al mondo, riportano che su una potenza totale di solare installato alla fine del 2018, pari a 174 Gigawatt (GW), l'energia utilizzata è stata pari 259.120 TWh, il 17% dell'energia se quella potenza installata avesse operato a pieno carico per 24 ore per tutto l'anno. Quell'installazione, quindi, energeticamente equivale ad una o più centrali termiche o atomiche della potenza complessiva installata di 30 GW.

Energia elettrica lorda prodotta (kWh)

E' l'energia massima che un impianto produce subito a valle dell'impianto stesso. Tecnicamente si dice "ai morseti in uscita".

Come noto poi quell'energia deve essere trasformata e trasportata per cui si hanno delle perdite e ai consumatori non giunge mai l'intera energia prodotta.

Queste perdite possono essere insignificanti o, in alcuni casi, anche ben oltre il 10%.

Energia elettrica consumata (KWh)

Consiste nel valore netto di energia che arriva all'utilizzatore e che consumiamo realmente per i nostri bisogni.

Sono i kWh che il gestore indica nella bolletta della luce che paghiamo ogni mese.

Quella è la vera energia che sfruttiamo nella nostra casa e che è il valore veramente importante in tutte le considerazioni che faremo.

Per la verità il gestore poi aggiunge nella bolletta una miriade di altre voci che non essendo misurabili dal contatore, sono inserite per farci pagare le linee elettriche, gli incentivi per l'energia pulita e chi più ne ha e più ne metta.

Le considerazioni che abbiamo fatto nel capitolo precedente si riferivano proprio a questa energia, che è quella più realistica ed utile per le analisi di come stanno le questioni energetiche dal punto di vista del consumatore e dell'ambiente.

La tabella che segue fornisce le fonti che nelle varie aree hanno dato origine alla rispettiva produzione elettrica nel 2019.

Energia elettrica consumata nel 2019 in TWh per tipo di fonte

	Primaria	*------------------------- Energia elettrica*	*-------------------------------*						
AREA	***Tot TWh***	***Tot TWh***	***Petro TWh***	***Gas TWh***	***Carb TWh***	***Nucl TWh***	***Idro TWh***	***Rinn* TWh***	***Altre TWh***
MONDO	162.352	27.005	825	6.229	9.824	2.796	4.222	2.806	234
Nord America	32.409	5.426	62	1.976	1.134	964	677	577	36
Sud America	7.954	1.329	86	245	74	25	715	184	0,4
Europa	23.301	3.993	52	768	699	929	633	837	77
Medio Oriente	10.753	1.265	396	793	23	6	33	13	0
Africa	5.532	870	81	346	254	14	133	45	3
Asia	71.602	12.690	140	1.483	7.376	647	1.784	1.146	115
US	26.313	4.401	20	1.701	1.054	852	271	490	14
Cina	39.392	7.503	6	237	4.854	349	1.270	732	57
Russia	8.288	1.118	11,4	522	178	205	190	1,3	4,4
Sud Corea	1.164	584	7	151	239	146	3	29	10
Giappone	1.770	1.036	45	362	326	66	74	121	42
India	9.452	1.559	8	71	1.137	45	162	135	0,2
Indonesia	2.390	279	17	52	177	0	17	16	0,3
Iran	3.430	319	83	200	0,6	6	29	0,6	0
Australia	1.781	595	6	54	150	0	14	41	0,1
Francia	2.691	555	0	51	78	341	41	36	8
Germania	3.653	612	5,1	91	171	75	20	224	26
Italia	1.763	284	10	127	30	0	45	68	4,7
Spagna	1.590	276	13	86	13	58	25	78	2
Svizzera	314	68	0	0	0	15	39	14	0
Arabia Saudita	3.508	357	150	206	0	0	0	2	0
Egitto	1.084	200	28	153	0	0	13	7	0
Sudafrica	1.501	253	1	2	217	14	1	13	7

*Rinnovabile = eolica, geotermica, solare, biomassa e rifiuti

Consumo energia elettrica 2019

	Energia TWh	***%***
Mondo totale	**27.005**	**100**
Petrolio	**825**	**4**
Gas	**6.229**	**23**
Carbone	**9.824**	**36**
Nucleare	**2.796**	**10**
Idroelettrico	**4.222**	**16**
Rinnovabili	**2.806**	**10**
Altro	**234**	**1**

Contributo percentuale delle varie fonti primarie per generare l'energia elettrica mondiale

% Rinnovabili nel 2019 per area

Area	*Energia elettrica Tot TWh*	*Rinn TWh*	*Rinn %*
MONDO	27.005	2.806	10,4
Nord America	5.426	577	10,6
Sud America	1.329	184	13,8
Europa	3.993	837	20,9
Medio Oriente	1.265	13	0,9
Africa	870	45	1,0
Asia	12.690	1.146	9,1

Contributo delle energie rinnovabili per generare l'energia elettrica nelle varie aree

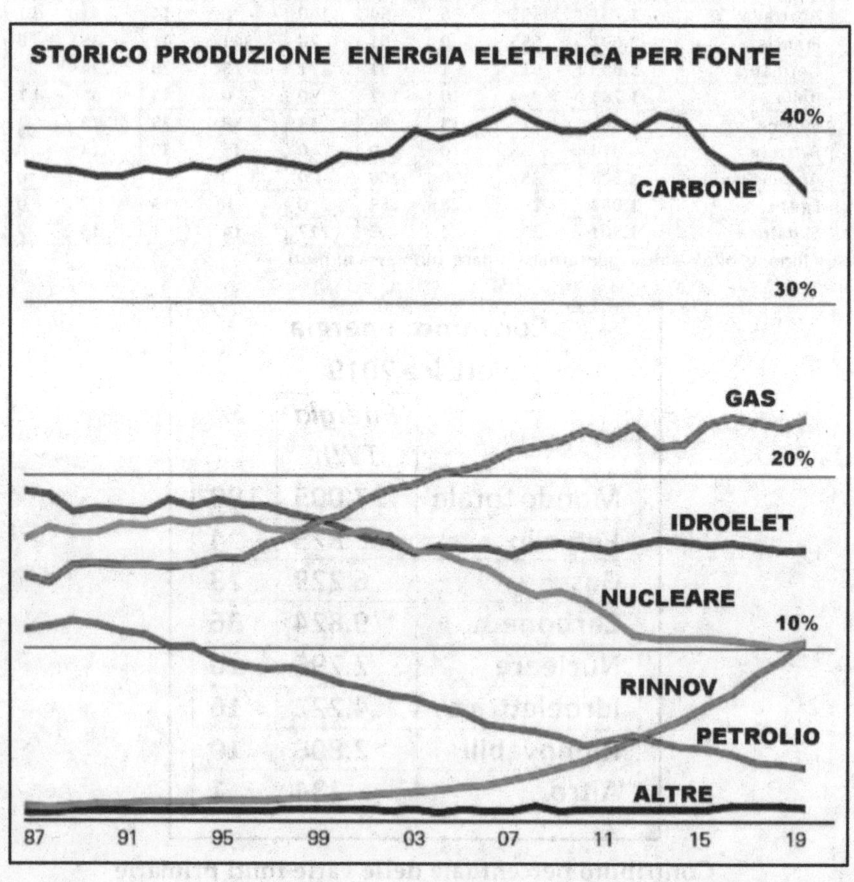

Grafico dell'andamento dell'energia elettrica consumata negli anni in funzione delle fonti

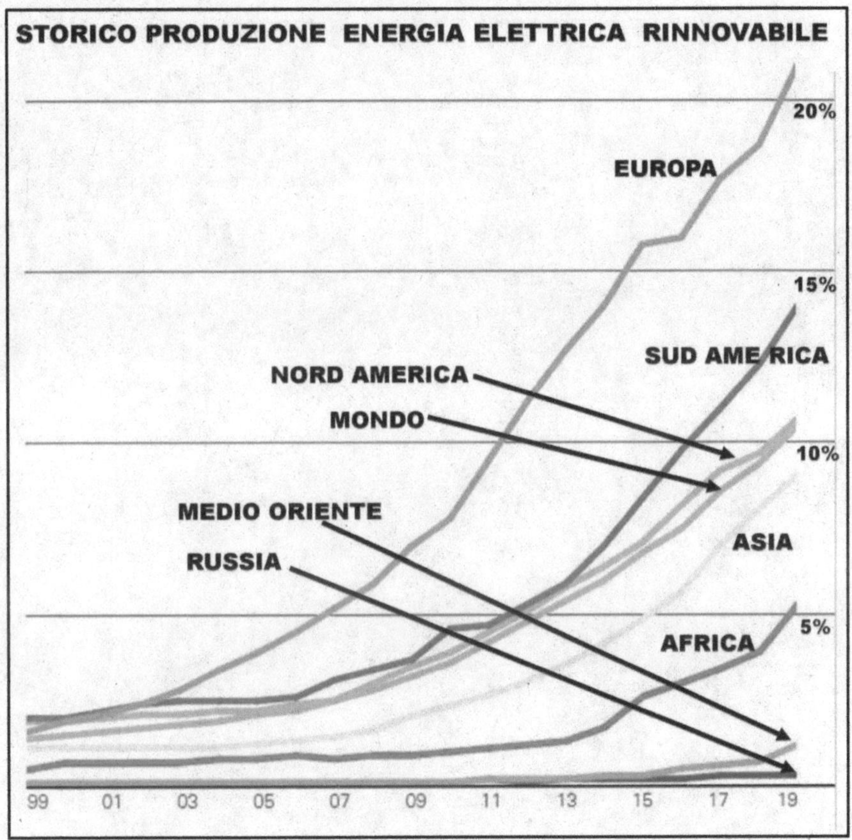

Consumo di energia nelle varie aree e per fonte rinnovabile

Reti elettriche

L'argomento di questo capitolo è un po' tecnico ma, come si capirà, di fondamentale rilievo per comprendere come i gestori delle reti elettriche e gli ingegneri che le progettano debbano tener conto di fattori della massima importanza.

La necessità di trattarlo si rende necessaria per comprendere quali difficoltà dobbiamo superare per far convivere insieme energie elettriche variabili e costanti nel tempo come le termiche e energie variabili come le rinnovabili.

Noi utenti ci aspettiamo che il nostro contatore di casa sia alimentato tutte le volte che accendiamo una luce, accendiamo il televisore o la lavatrice e quindi che la corrente elettrica sia sempre disponibile a nostro comando, ma anche ad una ferrovia o ad una fabbrica l'energia non deve mai mancare.

Ottenere questo servizio per decine o centinaia di milioni di persone, con mezzi in movimento, ospedali, semafori, ecc. rappresenta un problema gigantesco che i gestori devono risolvere!

All'inizio del diciottesimo secolo le prime centrali fornivano la loro corrente elettrica ad una limitata zona, generalmente vicina alla centrale stessa.

La prima centrale elettrica a combustibile costruita al centro di Milano nel 1883 alimentava l'impianto d'illuminazione del centro cittadino: se si fosse guastata, avrebbe solo tolto un po' di luce a chi si avventurava di notte da quelle parti.

L'ANNO 1883 VENNE CREATA ED OPERO'
IN QUESTO LUOGO LA PRIMA CENTRALE
TERMOELETTRICA D'EUROPA,
ILLUMINANDO CON L'AVVENTO DEL
SISTEMA EDISON SEDI E STRADE
DEL CENTRO STORICO CITTADINO.
NEL CENTENARIO DELLA REALIZZAZIONE
MILANO RICORDA
CON L'ARTEFICE GIUSEPPE COLOMBO,
L'INIZIO DI UN'ERA NUOVA PER IL
PROGRESSO CIVILE E INDUSTRIALE
DEL NOSTRO PAESE.

Targa presso la Galleria Vittorio Emanuele II in piazza Duomo a Milano

Con l'avvento della corrente alternata e dei trasformatori s'iniziarono a realizzare potenti centrali idroelettriche in grado di fornire corrente elettrica anche a intere città lontane dai luoghi di produzione.

Milano, ad esempio, aveva le sue centrali sulle Alpi, dove vari invasi d'acqua con le rispettive dighe erano in grado di alimentare tram, filovie e luce nelle case e nelle strade.

L'Azienda Elettrica Municipale di Milano (AEM) ha operato in proprio e con completa autonomia degli impianti fino a dopo la Seconda guerra mondiale.

Come in Italia, in tutto il mondo si comprese come i vari impianti dovessero venire, interconnessi per soddisfare meglio la variabile domanda dell'utenza e la sicurezza delle forniture. Se una centrale si guasta, le altre devono fornire quell'energia mancante senza che l'utenza se ne accorga.

Più la rete è vasta e più la sicurezza aumenta. Oggi le interconnessioni di rete sono a livello internazionale e le varie reti nazionali non solo si compensano reciprocamente, ma hanno creato un nuovo mercato: "Se in questo momento il tuo chilowattora francese costa meno del mio italiano, compro i tuoi chilowattora". Il tutto avviene come negli scambi della Borsa e con vantaggi economici per tutti, vantaggi che si aggiungono a quelli della sicurezza di fornitura.

A parole la cosa sembra semplice, ma vi assicuro che il realizzare tutto questo dal punto di vista ingegneristico non è da meno che scendere sulla Luna con un missile!

Oltre ai parametri in gioco, tensioni, correnti e frequenze che vanno tutti normalizzate a livello progettazione, occorre un'accurata gestione per far sì che tutto funzioni correttamente e che sia a prova di guasti.

MANTENERE L'EQUILIBRIO DELLA RETE È UN FATTO VITALE! PER OTTENERLA, L'ENERGIA ASSORBITA DALL'UTENZA DEVE ESSERE SEMPRE UGUALE ALL'ENERGIA FORNITA DALLA RETE, ALTRIMENTI LA RETE SALTA!

Il mantenere questo equilibrio è esiziale ed è il tormento più pesante che impensierisce i gestori di rete: un errore od un guasto non corretto immediatamente possono lasciare milioni di persone in blackout per ore o giorni! E non è che questi fatti non siano successi, anche recentemente, ma tendiamo a dimenticarcene.

Prima di passare alla disamina tecnica di come una rete funziona e per far comprendere quale grande importanza abbia questo argomento, esamineremo qui di seguito due blackout a cui ho avuto la fortuna, o meglio, la sfortuna di assistervi di persona.

Italia blackout del 28 settembre 2003

Quella domenica mattina mi trovavo in vacanza con parte della famiglia, ed essendomi svegliato verso le 8, mi resi conto che la luce in camera non si accendeva. Pensai dapprima ad un guasto della lampadina, ma presto mi resi conto che la corrente elettrica mancava in tutta la casa: TV e radio in casa non funzionavano e tutto risultava spento.

Verificate le valvole, che non erano guaste, venni a sapere che tutto il paese era al buio. Nessun problema pensai, sicuramente i tecnici della città vicina, da cui il paese dipende, staranno provvedendo al ripristino, ma salito in auto per un appuntamento, alla radio sentii un avviso che comunicava che in tutta Italia mancava la corrente elettrica.

Posso garantire che considerai la notizia più uno scherzo o un eccesso del cronista: sapevo benissimo che la rete italiana era perfettamente interconnessa e con ridondanze da tutte le parti. Al massimo era possibile una temporanea mancanza nella zona dove il guasto si era verificato ed i gestori di rete avrebbero isolato la zona e mantenuto alimentato il resto: con quasi 100 centrali elettriche solo un bombardamento atomico avrebbe potuto fermarle tutte! Così ragionavo con una certa trepidazione. Purtroppo, era vero: l'Italia si era fermata! Per farla breve e con un po' di inquietudine, non essendo mai successa prima in Italia una cosa del genere, le ho pensate tutte compresa una guerra.

Perché l'intero Paese ritornasse in situazione normale dal momento del blackout passarono 16 ore! Un'eternità, se si pensa alle metropolitane, agli ascensori, ai frigoriferi e ai congelatori privati e industriali. Per non parlare degli ospedali, molti con sistemi autonomi di emergenza, ma non tutti gli ospedali e tutti i reparti ne erano forniti. Furono danni incalcolabili, oltre al panico di milioni di persone, aeroporti fermi e i vari giorni necessari per tornare alla normalità.

Alle 3.20 del mattino si è spento il Paese. Ancora ignote le cause Disagi per i trasporti e negli ospedali. Aperta un'inchiesta

L'Italia piomba nel buio Black out da Nord a Sud

L'energia è tornta gradualmente in tutto il territorio

ROMA - Tre e venti del mattino: da Nord a Sud, Sardegna esclusa, l'Italia si spegne. Le strade piombano nel buio, i trasporti si bloccano, accecati i semafori, musica e macchine del caffè nei bar e nei locali del sabato sera si zittiscono improvvisamente. Negli ospedali entrano in funzione i gruppi elettrogeni d'emergenza, in qualche caso i pazienti gravi trasferiti in strutture più attrezzate. Treni fermi, in ritardo, soppressi. Gente bloccata nei metrò. Negli aeroporti file e difficoltà ai check in. Centralini del 118 tempestati di chiamate, i vigili del fuoco intervengono per liberare le persone bloccate negli ascensori. L'acqua non scorre più in molte case, gli allarmi antifurto degli appartamenti e dei negozi cominciano a suonare. E' black out in Italia, il black out tanto temuto quest'estate per gli alti consumi di energia dovuti al gran caldo, è invece arrivato stanotte: "Un evento inatteso ed eccezionale" ammette l'ingegner Luca D'Agnese, amministratore delegato Enel.

Il giorno dopo apparvero spiegazioni, accuse e, come sempre, assurdi rimbalzi di responsabilità, in particolare tra Italia e

Svizzera, poiché il guasto iniziale si era verificato proprio in Svizzera.

Come si può immaginare, cercai subito di soddisfare la mia curiosità tecnica per capire cosa fosse successo, ma fui sommerso dalle innumerevoli polemiche sorte con reciproche accuse tra reparti diversi, nazioni varie ed i soliti super esperti che in pubblico si contraddicevano!

Solo molto tempo dopo, leggendo vari rapporti, capii la verità ed i pericoli che avevamo corso.

Cercherò di descrivere in breve quanto ho capito, perché è sicuramente meglio di ogni spiegazione tecnica su come funzionano le reti e la loro importanza per la nostra vita: sembra quasi un film giallo.

L'Italia era interconnessa con linee ad alta tensione con la Svizzera e assorbiva in importazione un'ingente quantità di energia proveniente dalle centrali svizzere e, attraverso la Svizzera, anche dalla Francia. Era un periodo molto caldo e l'assorbimento dell'Italia era vicino ai suoi massimi, anche per la quantità di condizionatori accesi.

28/9/2003, ore 03:01 di domenica notte. Una linea ad alta tensione da 380 kVolt, che collega il Lucomagno in Svizzera con l'Italia, si trova a pieno carico per l'alta domanda di energia dall'Italia. Avviene una scarica tra la linea e un albero che il sistema di sicurezza interpreta come cortocircuito e stacca la linea dalla rete. Viene a mancare l'alimentazione di quella linea verso l'Italia. Il gestore svizzero chiede al gestore italiano di ridurre immediatamente il consumo per compensare la perdita.

Ore 03:21. Il gestore riduce il carico agendo sulle turbine che in Italia di notte caricano acqua negli invasi predisposti per l'accumulo di energia.

Ore 03:25. Un'altra scarica su altro elettrodotto in Svizzera nella zona di San Bernardino provoca il collasso dell'intera rete italiana ed è la fine. L'intera rete italiana va in tilt ed a catena si auto-spengono tutte le centrali i cui sistemi di sicurezza interpretano quell'improvviso sovraccarico come cortocircuiti.

Nessuna centrale può essere rimessa in moto manualmente se prima non si riducono i carichi che ciascuna centrale vede come superiori al suo limite di tollerabilità: la nazione intera resta inchiodata all'assenza di corrente elettrica.

Riporto qui di seguito la testuale conclusione di un rapporto svizzero (UEFA) per poi commentarlo.

"Le ragioni principali del blackout in Italia sembrano essere state il cortocircuito verso terra della linea del Lucomagno, il fallimento del tentativo di ricollegare questa linea, una telefonata fra ETRANS (gestore svizzero) e GRTN (gestore italiano) in cui non si è tenuto adeguatamente conto della criticità della situazione, possibili instabilità nella rete di GRTN e, probabilmente, una distanza insufficiente fra conduttori e alberi. Queste sono però solo le cause immediate della panne. La causa principale del blackout del 28 settembre 2003 è il conflitto irrisolto fra gli interessi commerciali dei Paesi e delle società interessate e le caratteristiche tecniche dell'attuale sistema elettrico transnazionale. Norme e condizioni quadro giuridiche arrancano dietro la realtà economica."

Tralasciando le numerose polemiche di allora, in sostanza Uefa fa risalire la problematica all'eccessiva importazione di energia dell'Italia, parte della quale attraversa la Svizzera provenendo dalla Francia.

A mio parere potrà anche essere vero, ma se così fosse che stanno facendo le tecnologie e gli addetti esperti per evitare che disastri del genere accadano?

Comunque, al nostro scopo interessa capire quanto sia importante che le reti siano progettate bene e che i loro gestori le sappiano gestire bene, cosa che quella notte non è accaduta: ma perché?

E qui mi sono venuti in mente gli studi giovanili sulle reti e le centrali dei corsi al Politecnico di Milano.

Come noi tutti possiamo vedere quando passiamo vicino alle linee ad alta tensione, i fili sottesi tra due tralicci sono molto lunghi, anche centinaia di metri, e compiono una specie di parabola che tecnicamente si chiama "catenaria".

La catenaria è una particolare curva in cui il cavo ha solo sforzi longitudinali ed è la curva più corretta dal punto di vista della resistenza meccanica. Se il cavo si scalda, essendo un metallo, si allunga anche di molto e così facendo si abbassa.

Naturalmente l'abbassamento è previsto da precisi calcoli che tengono presente il riscaldamento interno del metallo per effetto della corrente che vi passa e la temperatura dell'ambiente.

Ora ben due linee d'alta tensione in Svizzera si erano abbassate così da innescare un cortocircuito con degli alberi, domanda: "Ma quanto erano lontani quegli alberi dalle condutture? Vuoi vedere che per rispettare l'ambiente e segare meno alberi possibili non si erano create distanze di sicurezza sufficienti?

Oltretutto mi sembra che quella notte vi fosse cattivo tempo e molto vento che, aggiunti a un sovraccarico della linea, avranno spostato di parecchio il punto più basso delle linee per effetto della dilatazione termica: ed ecco il risultato!

Aggiungo poi: ammesso che quanto successo in Svizzera sia esattamente vero, ma com'è possibile che un'intera nazione faccia dipendere la sua vita elettrica da uno o due fili?

Presumo che quel fatto abbia indotto i progettisti di rete ed anche chi le gestisce a tener buon conto dell'accaduto e che il fatto non possa più ripetersi … almeno lo spero!

Non è comunque scopo di questo libro fare valutazioni tecniche a posteriori, ma solo dimostrare quanto l'argomento stabilità di una rete nazionale sia fondamentale per la sicurezza di tutti i suoi cittadini.

Sempre parlando di blackout voglio citarne un altro, al cui confronto quello italiano del 2003 è uno scherzetto.

Usa: Blackout del 9 novembre 1965

Mi riferisco all'anno 1965 e agli Stati Uniti quando trenta milioni di americani rimasero senza energia elettrica per un giorno intero ed in pieno inverno.

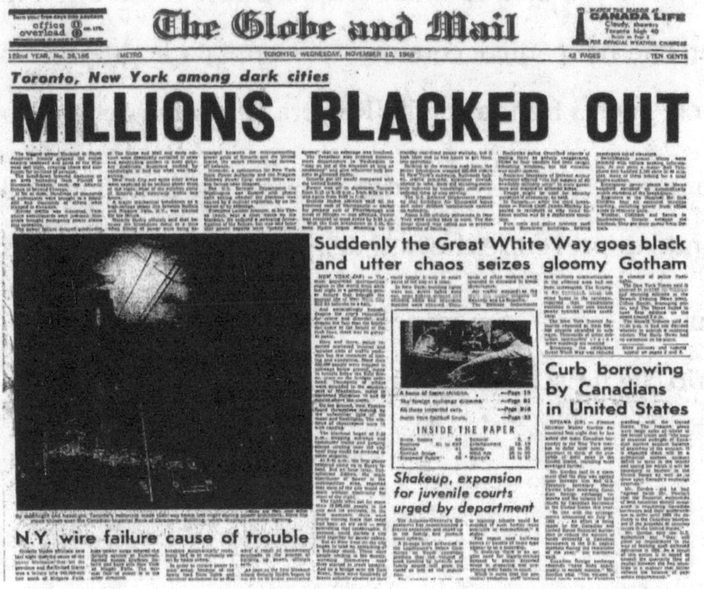

The Globe and Mail

TORONTO, WEDNESDAY, NOVEMBER 10, 1965 — 42 PAGES — TEN CENTS

Toronto, New York among dark cities

MILLIONS BLACKED OUT

Suddenly the Great White Way goes black and utter chaos seizes gloomy Gotham

Curb borrowing by Canadians in United States

Shakeup, expansion for juvenile courts urged by department

N.Y. wire failure cause of trouble

Era il 9 novembre 1965 e la catena degli eventi iniziò alle ore 17:27 quando l'importante centrale idroelettrica, presso le cascate del Niagara, cessò di erogare corrente elettrica per un guasto. Il disastro fu enorme ed è stato oggetto di studio, anche da parte mia, ai tempi del Politecnico.

In sostanza, come nel gioco delle carte, quel guasto provocò lo spegnimento in serie di altre centrali che, intervenute per sopperire a quel carico mancante, una alla volta dovettero proteggersi dal conseguente sovraccarico spegnendosi e tutte in 12 minuti.

New York, Massachusetts, Connecticut, Rhode Island, Vermont, Maine, New Hampshire, New Jersey, Pennsylvania ed una parte del Canada si trovarono improvvisamente al buio, con fabbriche, treni, metropolitane e quant'altro fermi e con milioni di persone nel panico, come fosse scoppiata la guerra atomica: allora la guerra fredda con l'URSS era all'ordine del giorno!

Dopo quella catastrofe in tutto il mondo si ristudiarono le reti cercando di prevenire che fatti del genere non si ripetessero.

Comunque, come dimostra il blackout italiano del 2003, pare proprio che il rischio aleggi ancora fra noi.

Rete elettrica italiana attuale con i collegamenti verso l'estero

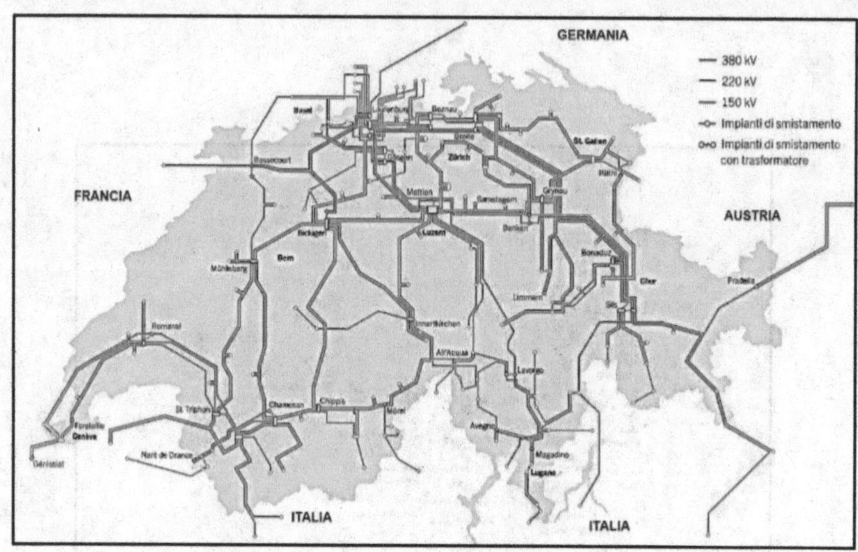

Rete elettrica svizzera con i collegamenti verso l'estero

Requisiti tecnici di una rete

A questo punto si sarà capito che la caratteristica fondamentale a cui una rete deve sottostare per mantenere il suo equilibrio è che l'energia assorbita dalla rete da parte degli utilizzatori sia, in ogni istante, identica all'energia che la rete fornisce loro.

A prima vista parrebbe semplice: il gestore della rete deve regolare le centrali seguendo l'andamento dei consumi.

Deve aumentare o diminuire quanto ogni centrale genera manualmente o con sistemi automatici e così conservare la parità tra domanda e offerta.

In fondo è lo stesso processo con cui aumentiamo o diminuiamo la velocità di un'auto elettrica agendo sul pedale dell'acceleratore.

In effetti, è proprio così che bisogna fare solo che per modificare, spegnere o accendere una centrale a carbone o, peggio, nucleare ci si può impiegare anche giorni e invece per quanto riguarda l'equilibramento di una rete è necessario agire in secondi.

Con le centrali idroelettriche si può agire sul flusso d'acqua, ma per modificare la portata di una condotta forzata che porta acqua alle turbine da altezze anche di centinaia di metri, non è un giochetto di secondi, diciamo che ci si può impiegare da parecchi minuti a qualche ora.

Anche con il solare e l'eolico il problema è analogo, anzi peggio: essendo la produzione distribuita in ampie aree e infinite sorgenti non sono possibili interventi da parte del gestore: tutta quell'energia quando fluisce, di giorno per il solare e col vento per l'eolico, deve finire sempre in rete e non si può modificarla dai centri di controllo.

Allora come fare? Una prima soluzione fu creata molti anni fa con le centrali idrauliche. Gli ingegneri hanno pensato: perché fermare l'acqua nelle condotte? Creiamo delle centrali reversibili, cioè con turbine che possano funzionare producendo elettricità in un senso e, girando le pale, facendole funzionare come pompe che spingano l'acqua all'insù, da dove l'acqua scende conservandone così l'energia per quando ce ne sarà bisogno.

Anzi, meglio ancora, creiamo un invaso in alto o comunque cerchiamone uno vicino e l'acqua la accumuliamo in quell'invaso per scaricarla e produrre energia supplementare quando occorre.

Sono nate così le centrali di accumulo, tra l'altro in Italia per prima, che servono come fossero degli enormi accumulatori di energia elettrica.

In Italia ve ne sono diverse e ne tratteremo nel capitolo delle centrali idroelettriche. Nel mondo se ne stanno creando diverse, perché questo è l'unico modo di accumulare grandi quantità di energia quando questa è ridondante e la si vuole sfruttare in seguito.

C'è un però: nonostante se ne siano realizzate parecchie, la quantità di energia accumulabile rispetto a quella consumata in un Paese è molto modesta, intendo dire di frazioni di percento.

Assolutamente insufficiente per venire utilizzata come sistema per gestire la variabilità dei consumi.

Ecco che a questo punto si sono introdotte le centrali a gas, il cui costo per chilowattora prodotto è superiore alle centrali a carbone, ma che hanno il grande merito di essere governabili, accese e spente a comando ed in pochi secondi.

Oggi sono queste centrali che governano la variabilità dei consumi di energia elettrica e, per esempio in estate quando l'energia solare aumenta di molto, queste centrali possono essere spente o ridotte permettendo il risparmio di gas, mentre le celle fotovoltaiche alimentano la rete al loro posto.

Questo giochetto, le interconnessioni internazionali e la liberazione dei mercati dell'energia permettono ai gestori anche di speculare sui prezzi, come sta avvenendo da anni.

Se una nazione ha un esubero di energia e la vende sottocosto, un altro Paese trova convenienza a spegnere qualche sua centrale a gas e importare l'energia equivalente da quel Paese, risparmiando il gas.

Questo spiega perché l'Italia sia arrivata anche a importare il 20 % del suo fabbisogno pur avendo la capacità di coprirlo con produzione propria.

In una tipica rete nazionale servita da tutte le fonti che conosciamo, il modello di andamento della produzione dell'energia elettrica deve coincidere con quella consumata ed assume l'aspetto del diagramma seguente.

Con una rete strutturata in questo modo le centrali a carbone, nucleari, a petrolio ed idrauliche operano per tutto l'anno alla massima potenza e con elevati rendimenti e basso costo del chilowattora generato.

Le centrali ad accumulo (sempre idrauliche) e parte delle centrali a gas sono regolate per mantenere in equilibrio la rete.

Le rinnovabili, la cui variabilità dipende dalla Natura e non dall'uomo, restano sempre collegate alla rete e lavorano in tandem con le centrali a gas e ad accumulo per mantenere la rete nel suo indispensabile equilibrio.

Gestione delle reti

A questo punto entra in gioco il delicato processo della pianificazione che ogni gestore di rete deve mettere in opera per sfruttare al meglio le diverse fonti a sua disposizione.

Per fare questo è fondamentale conoscere l'andamento dei consumi che si prevede l'utenza richiederà durante l'anno, tenendo presente due momenti importanti:

Istante in cui la rete deve fornire il massimo dell'energia.

Istante in cui l'energia richiesta è minima.

Le reti devono essere dimensionate per coprire il momento di massimo fabbisogno, altrimenti, come ormai sappiamo, quando quel fabbisogno fosse raggiunto senza trovare sufficiente fornitura la rete potrebbe andare in blackout.

Il minimo è importante perché al di sotto il suo valore le centrali di base (petrolio, carbone, nucleare e idroelettrico) possono operare in modo continuo, senza che sia necessario modificarne la produzione nel tempo.

Tra quei due valori operano le energie variabili ed il risultato è la miglior efficienza del sistema produttivo di energia nel suo insieme, sia in termini di sicurezza che di costi.

Per realizzare questa sinergia tra consumi e struttura della rete la prima cosa importante da conoscere è l'andamento storico dei consumi, e in conformità a questo, stabilire quei due momenti fondamentali.

Ovvio che poi, nella pratica, all'evidenza storica deve essere aggiunta una buona dose di capacità predittiva per valutare le variabili future: nuove industrie, nuove centrali, nuovi allacciamenti con l'estero e, non insignificante, l'andamento dei prezzi dell'energia primaria.

Nell'ambito del nostro discorso generale ci basti sapere che dobbiamo lasciare questi grattacapi ai decisori, politici e tecnici, sperando che, come si dice in gergo: "per il futuro la imbrocchino giusta!"

Per la verità la mia fiducia non è molto elevata avendo vissuto i momenti tragici degli anni '70 quando improvvisamente, per varie guerre, eravamo costretti a fare code interminabili ai distributori per riempire il serbatoio di benzina ed autorevoli riviste, come l'americana Business Week, prevedevano la fine del petrolio per l'anno 2.000 ed il prezzo al barile presto oltre i 200 US$.

Secondo quelle previsioni si sono costruite 400 centrali atomiche e ora, anno 2020, quelle centrali si smantellano a costi superiori a quelli della loro costruzione e pare che la crosta terrestre galleggi sul petrolio con un prezzo al barile che è sceso sotto i 30 US$. Se tanto mi dà tanto … fate voi!

La questione dell'auto elettrica

Tra gli argomenti così detti "green" uno dei più trattati è sicuramente l'auto elettrica. Arrivati a questo punto del libro ed avendo cognizione delle quantità in gioco e dati precisi sui consumi, possiamo senz'altro ad affrontare l'argomento con cognizione di causa allo scopo di valutare questo interessante mezzo di trasporto.

Premetto che personalmente l'auto elettrica mi piace molto: come amante delle tecnologie, soprattutto legate all'elettricità fin da quando ero studente liceale, il fatto di poterne possedere una è senz'altro un desiderio che mi piacerebbe soddisfare ... se costasse un po' meno.

Il motore dell'auto elettrica è molto più semplice ed efficiente di un motore termico a ciclo Otto o Diesel: richiede per costruirlo un decimo dei componenti di un'auto a motore termico, guidarla è più semplice, non è rumorosa, rappresenta quindi la soluzione ideale e sicuramente crescerà il suo impiego nel futuro.

L'auto elettrica nasce alla fine del secolo XIX perché, dopo l'invenzione del motore elettrico con l'anello di Pacinotti nel 1858, sembrava la soluzione ideale per sostituire i cavalli nelle carrozze. Tra l'altro era un motore molto gradito alle signore perché non richiedeva il cambio, era silenzioso e non puzzava di benzina.

Naturalmente da qualche parte doveva prendere l'energia e fu subito pensato di utilizzare gli accumulatori al piombo da poco inventati. Presto però ci si accorse che, caricare su quelle primitive auto 10 tonnellate di batterie al piombo, rendeva difficile farle muovere e quindi si percorrevano brevi tragitti, più per esibirle che non utilizzarle per veri viaggi.

Fu necessario abbandonare l'uso dell'elettricità per l'auto, ma ben presto i grandi vantaggi del motore elettrico divennero il motivo per il loro impiego in mezzi di trasporto pubblico come tram, treni e filovie.

Nel trasporto pubblico di terra l'energia elettrica è fornita attraverso rotaie o cavi su cui scorrono pantografi che la prelevano evitando così di doversi trasportare pesanti accumulatori.

Tutti i sommergibili della prima e Seconda guerra mondiale fecero uso esclusivo del motore elettrico in immersione: sott'acqua non si può sfruttare la potenza di un motore a combustione per la difficoltà di espellerne i gas di scarico.

Il motore elettrico è quindi non solo uno dei modi migliori per trasformare energia in lavoro sia in termini di efficienza e sia in termini di semplicità, ma per l'auto o, comunque, per mezzi autonomi la questione si riduce a come immettere tutta l'energia necessaria a bordo del mezzo.

Come più volte menzionato, scopo di questo libro non è quello di esprimere opinioni, ma solo quello di offrire al lettore i numeri per valutare ciascuna situazione.

Cominciamo a porci la domanda di quanta energia ragionevolmente deve avere a bordo un'auto elettrica per competere con quelle a motore termico.

Attualmente le auto elettriche in commercio al posto del serbatoio di carburante hanno batterie, oppure idrogeno liquido o gassoso per celle a combustibile che convertono una combinazione di idrogeno e ossigeno in elettricità.

Queste ultime solo recentemente sono apparse sul mercato attraverso mostre d'auto e rappresenteranno in futuro una scelta interessante per la mobilità individuale.

Comunque, qualunque sia il tipo di auto elettrica, l'energia necessaria per far girare il motore deve averla a bordo al posto del serbatoio.

Analizziamo l'aspetto energetico, ricordando come l'elettricità in ogni caso sia energia secondaria, cioè che debba essere prodotta utilizzando energia primaria.

L'impiego di auto elettriche di qualsiasi tipo richiede che quell'energia sia prodotta all'origine da combustibili, o dall'eolico, o dal solare come recentemente si progetta.

Facciamo qualche calcolo con riferimento alla tabella delle equivalenze energetica, prendendo come paragone un'auto a benzina con un serbatoio da 50 kg.

L'energia contenuta nel serbatoio è:

50 x 13 kWh = 650 kWh

Per avere la stessa energia una batteria a ioni di litio peserà a bordo:

650/0,75 = 867 kg

In realtà occorrerebbe un po' meno, perché il motore elettrico è più efficiente e se l'auto elettrica è ben costruita, come le Tesla, con 500 kg di batteria agli ioni, si ottiene un fior di macchina competitiva con le auto termiche in termini di velocità e autonomia.

Facciamo ora il caso di un auto ad idrogeno, ricordando che comunque parliamo di auto elettrica: cioè non si può utilizzare un motore termico sostituendo la benzina. L'idrogeno liquido come carburante diretto è utilizzato fin dal 1956 nei motori a razzo dei missili intercontinentali e, più recentemente, nei razzi per il trasporto spaziale, usare quei motori per un'auto sarebbe un tantino azzardato!

Quindi, l'unico modo è utilizzare le celle a combustibile, le stesse che, combinando idrogeno con ossigeno, generano energia elettrica e vapore acqueo come scarto.

Le celle a combustibile nascono come efficiente mezzo per produrre energia elettrica nelle navette spaziali.

Il dramma dell'Apollo 13 del 1970, che ritornò sulla Terra utilizzando il modulo lunare, fu causato proprio da una cella a combustibile che esplose durante una manovra poco dopo la partenza da Terra.

Tornando al nostro calcolo per ottenere energia equivalente a 50 kg di benzina occorrono:

650/40 = 16,25 kg d'idrogeno

Il serbatoio peserebbe molto meno di quello a benzina, ma occorre aggiungere il peso del contenitore dell'idrogeno liquido o gassoso e quello della cella combustibile.

Questi pesi, con le tecnologie di oggi, supererebbero quello della batteria a ioni di litio e soprattutto si deve tenere presente chela cella a combustibile è ancora un problema non tanto per il suo peso, ma soprattutto per il costo dovuto ai metalli preziosi che la sua fabbricazione richiede.

Comunque, da quel poco che trapela da chi ci sta lavorando, appare che questa tecnologia avrà importanti sviluppi in termini sia di peso sia di efficienza, mentre per le batterie siamo giunti ormai molto vicino ai limiti teorici con le attuali.

Il futuro ci dirà come il mercato si evolverà e soprattutto se la diminuzione dei costi industriali permetterà l'acquisto di queste auto a una fascia più larga di utenza rispetto a quella attuale.

Come tecnico mi sono posto una domanda: cosa succederebbe se l'intero parco di automezzi che utilizza oggi carburanti fossili fosse convertito con automezzi a trazione elettrica?

E' abbastanza semplice rispondere a questa domanda: partendo dall'energia termica, che oggi il parco di mezzi in strada consuma in un anno e moltiplicandola per il fattore di conversione in energia elettrica, si ottiene la quantità di nuova energia elettrica necessaria.

Ho fatto questo conto riferendomi al consumo in Italia di carburanti per trazione nell'anno 2018 che dalle statistiche pubbliche è pari a 32,5 milioni di tonnellate e sapendo che un kg di carburante contiene 12 kWh, ho trovato che il parco di automezzi elettrici consumerebbe 390 TWh.

****

32,5 milioni di tonnellate = 32,5x10^6x10^3=32,5x10^9 kg

Dalla tabella precedente 1 kg di petrolio = 12 kWh

32,5 x 10^9x12 = 390x10^9 kWh = 390 TWh

****

Sapendo che in Italia, nell'anno 2018, il consumo di energia elettrica è stato di 284 TWh, è evidente che l'operazione è impossibile, a meno di non triplicare le centrali elettriche esistenti che, tra l'altro, dovrebbero essere alimentate da energia primaria fossile, non migliorando quindi le emissioni di CO_2.

Questo risultato mi suggerisce che, al momento, la conversione dell'intero parco auto è impossibile in qualsiasi nazione, mentre sicuramente l'auto elettrica rimarrà per un periodo non breve una costosa soluzione di nicchia a meno d'imprevedibili fatti tecnologici che, come sempre, possono sconvolgere qualsiasi prospettiva.

Sicuramente Elon Musk, che ha creato le stupende auto elettriche Tesla, non è uno stupido e sta preparando per quel mezzo un futuro che è difficile prevedere.

L'auto elettrica è giunta a un eccezionale livello tecnologico, si sono fatti enormi passi avanti rispetto alle prime carrette con accumulatori al piombo e tutti gli investimenti attuali porteranno sicuramente a miglioramenti tecnologici.

Solo che gli scienziati e gli ingegneri, numeri alla mano, dovrebbero spiegare chiaramente alla schiera di politici, sicuri che in dieci anni vi saranno solo macchine elettriche in circolazione, che la cosa è impossibile, e che invece il 10-20% di esse può essere una probabilità ragionevole.

La questione sta nei numeri: non siamo in grado di trasferire in così poco tempo l'energia da combustibili in energia elettrica, tutto qui!

Comunque, io personalmente, un'idea sul futuro dell'auto elettrica universale l'avrei.

Quando l'umanità avrà risolto il problema di riprodurre sulla Terra il processo che il nostro Sole utilizza per risplendere ogni giorno, diciamo nell'anno 2060, allora avremo una quantità infinita di energia elettrica pulita.

Con la fusione atomica l'energia sarà a basso costo e a quel punto spariranno tutti i motori a combustione che saranno sostituiti da motori elettrici, ed anche tutto il riscaldamento potrà essere elettrico.

Inoltre, tutti i mezzi di trasporto, auto, biciclette, camion, navi, motocicli useranno solo energia elettrica che arriverà a loro attraverso conduttori che percorreranno strade, autostrade, ponti, ecc., attingeranno ai quali i mezzi in movimento, come le filovie, oltre ad alimentare i loro motori elettrici, caricheranno le piccole batterie a bordo per i brevi percorsi, dove le condutture elettriche non arriveranno.

È una visione un po' fantascientifica, ma non tanto quanto può sembrare.

Questione ambientale ed energia

Due parole sull'argomento dell'energia e l'ambiente e l'effetto serra che provocherebbe. Il mondo intero si è mosso verso la ricerca di una soluzione al problema del riscaldamento del pianeta e pensa, forse un po' presuntuosamente, di essere in grado di risolverlo.

Se per energia pulita s'intende riferirsi a quelle centrali elettriche che non inquinano l'atmosfera con anidride carbonica (CO2), allora l'umanità dispone già oggi di tre soluzioni: centrali idrauliche, solari ed eoliche.

La prima utilizza lo scorrere dell'acqua, la seconda utilizza direttamente l'irradiazione solare e la terza utilizza il flusso dei venti, tutte soluzioni che oggi si stanno sviluppando massicciamente, anche se per il momento l'unica che ha un qualche peso percentuale nel mondo è l'energia prodotta dalle centrali idroelettriche.

Se però non intendiamo solo come non produrre in modo diretto dalla centrale anidride carbonica e comunque, in modo generale, come produrre energia elettrica senza creare danni all'intero nostro pianeta allora, purtroppo, non esiste soluzione o meglio, l'unica soluzione sarebbe il ridurre i consumi.

Mi spiego: ogni volta che costruiamo una grande **centrale idroelettrica**, definita comunemente come pulita, in realtà, dobbiamo creare un grande invaso d'acqua che deturpa una grande area e consumare enormi quantità d'energia per costruirla.

La centrale idroelettrica di Assuan in Egitto ha sconvolto il clima dell'area, deturpato una delle zone storiche più importanti al mondo e sta modificando il percorso del Nilo e del suo delta.

L'energia solare di tipo **fotovoltaico** utilizza celle al silicio, oppure anche di altro tipo, che convertono l'irradiazione solare direttamente in energia elettrica, ma se volessimo creare un impianto fotovoltaico che produca la stessa energia in un anno di una centrale termica di un Gigawatt, tenendo conto che il Sole non c'è sempre, dovremmo coprire un'area pari a circa 50 kilometri quadrati, area tolta all'agricoltura, senza contare i problemi di manutenzione e di eliminazione a fine vita.

Inoltre, bisognerebbe fabbricarle tutte quelle celle fotovoltaiche necessarie, ma la loro fabbricazione consuma enormi quantità di energia che, forse in un'altra parte del mondo da dove provengono, hanno già creato un bell'inquinamento.

Lo stesso ragionamento vale per l'**energia eolica**: perché possano produrre quantità di energia in una percentuale sensibile sui consumi globali, bisognerebbe impiantarne centinaia di migliaia, rovinare interi territori e, non ultimo, consumare per la loro costruzione grandi quantità di energia che inquinerebbero il pianeta, prima ancora di entrare in funzione.

Si dirà, ma allora non esiste soluzione? Allo stato attuale, se si fanno considerazioni planetarie, e non locali, purtroppo la soluzione non esiste: la domanda di energia elettrica dell'umanità è cresciuta di oltre quattro volte dal 1950 ad oggi e si prevede che crescerà di quasi due volte da oggi al 2050 per quadruplicare nel 2100, soprattutto per la spinta dei paesi in via di sviluppo. Parliamo di migliaia di Gigawatt, non di piccole potenze da installare, per cui tuttora non se ne esce.

L'energia è denaro

Dopo tanti anni, mi risuona ancora alle orecchie la frase che mia madre mi rivolgeva alla sera ogni volta che uscivo da una stanza, senza spegnere la luce: "Spegni quella luce!" L'ho sentita ripetere per anni, da quando ero abbastanza cresciuto da poter raggiungere l'interruttore con la mano, ed aveva ragione: lei sapeva bene che quella luce accesa significava una spesa inutile ed allora le lampadine a filamento consumavano 5 volte di più delle moderne lampade a LED (Light Emitting Diode)!

Sì, l'energia è denaro e da sempre i tecnici si ingegnano per produrne sempre di più al minor costo, ed a trasportarla con le minori perdite.

Ed è tanto vero che i piccoli Paesi, che hanno scoperto di avere ingenti quantità di petrolio sotto i loro piedi, sono diventati ricchissimi: il mondo industriale è disposto a pagare cara quell'energia per poterne disporre e non si sono lesinate guerre per assicurarsene l'approvvigionamento.

Dal petrolio poi siamo riusciti a estrarre non solo energia, ma anche una miriade di sostanze, dal bitume per alfastare le strade, alle plastiche per inquinare gli oceani, ai medicinali per la nostra salute.

Molti non lo sanno, ma una civiltà senza petrolio non sarebbe possibile e non per l'energia. C'è, infatti chi, giustamente, afferma come sia stupido continuare a bruciarlo per produrre energia, e non tanto per l'inquinamento, ma perché sarebbe più opportuno risparmiarlo per tutte le numerose sostanze di cui, finendo il petrolio, non potremmo più disporre!

E' con l'era industriale sviluppatasi nel XIX secolo che l'umanità ha chiaramente percepito per la prima volta l'equivalenza energia-denaro.

La nascita del motore a vapore prima, e di quello elettrico subito dopo, richiedevano energia per funzionare: i treni cominciarono a trasportare comodamente molti passeggeri che, pagando il biglietto, capirono che per andare più lontano avrebbero dovuto spendere sempre di più, perchè il locomotore consumava più carbone, il cui costo naturalmente era un tanto al chilo.

Con l'elettricità accadde subito una cosa analoga: il petrolio che alimentava i motori a combustione delle prime centrali elettriche si consumava per tenere accesa l'illuminazione delle strade e più a lungo quella luce illuminava di notte e maggiore era il petrolio consumato, che costava un tanto al litro.

Nascevano così tabelle simili a quelle che abbiamo visto all'inizio del libro, per la verità molto più semplici, in cui ad ogni tipo di sostanza si associava un certo contenuto di energia e quindi un prezzo: l'energia diventava il nuovo oro!

Corrente alternata e corrente continua

L'energia elettrica è nata come corrente continua generata alla fine del '700 da Alessandro Volta con la sua famosa scoperta della pila o batteria. Si trattava del primo modo di produrre una quantità piccola, ma maneggiabile di corrente elettrica: ha dato così il via all'utilizzo dell'energia elettrica in modo pratico.

Quella modesta pila di 250 anni fa è la capostipite delle moderne batterie a ioni di litio che alimentano le auto elettriche; ambedue estraggono energia da una reazione chimica.

Nel secolo seguente si cercava una nuova via per produrre energia elettrica in quantità e la soluzione fu trovata dall' italiano Alessandro Pacinotti che comprese come, muovendo un filo conduttore in un campo magnetico, nel filo quel movimento faceva scorrere una corrente elettrica.

Pacinotti utilizzando un avvolgimento di spire a forma di anello e facendolo girare tra i poli di una calamita aveva inventato la dinamo. Scoprì poi che facendo scorrere in quelle spire una corrente elettrica ottenuta da una pila quell'anello ruotava: aveva scoperto il motore elettrico!

Quel primitivo strumento ancora oggi si chiama "anello di Pacinotti".

In sostanza l'anello di Pacinotti converte l'energia meccanica in energia elettrica ed energia elettrica in energia meccanica.

Anello di Pacinotti conservato al Museo degli strumenti per il calcolo a Pisa

Grazie a Pacinotti tutti i 26.000 TWh di energia elettrica che consumiamo al mondo oggi derivano da quel semplice anello. Precisiamo meglio: quasi, perché il fotovoltaico estrae energia direttamente dall'irraggiamento solare senza passare attraverso qualsiasi movimento e quindi con quella energia, ancora modesta, Pacinotti non c'entra.

Una volta scoperto che con l'elettricità si accendevano lampadine e si facevano girare motori, nacque una gara forsennata per creare macchine sempre più potenti, illuminare zone sempre più grandi e quindi trasportare energia sempre più lontano.

È proprio in quel convulso periodo di fine secolo '800, quando la corsa a migliorare l'efficienza e la potenza dell'energia elettrica diventa sempre più frenetica, che nasce la corrente alternata.

Dalla pila di Volta all'anello di Pacinotti, ed anche dopo, la corrente elettrica fluiva continua nei conduttori che collegavano batterie, dinamo e motori e pareva fosse l'unica soluzione possibile per muovere la corrente: un filo di andata ed un filo di ritorno, un capo collegato al polo positivo della batteria, l'altro al polo negativo. Semplice! Edison pensava che questa fosse l'unica soluzione o comunque la migliore.

Ecco che apparve ad un certo punto il signor Nikola Tesla a rompere le uova nel paniere di Edison. "No", disse Tesla, "per portare lontano l'energia elettrica occorrono cavi metallici di rame sempre più lunghi e costosi e su quei cavi, se le tensioni sono basse, le perdite sono alte, per cui più andiamo lontano e maggiori devono essere le tensioni (i volt) per ridurre le perdite".

Ne nacque una disputa infuocata ma, come sempre nella tecnica, vinse la soluzione più economia e più efficace.

Tesla aveva ragione, con dinamo e pile le tensioni prodotte (per intenderci i volt) non potevano andare oltre certi valori e per alzarle occorreva avere trasformatori che lo facessero, solo che i trasformatori funzionano solo con le correnti alternate e quindi il metodo Tesla ebbe la meglio, ed il mondo e le nostre case sono oggi invase da correnti alternate.

Per chiarire questo punto fondamentale che è alla base di tutta l'elettrotecnica moderna, dobbiamo tornare a quanto detto per l'anello di Pacinotti: muovendo un conduttore in un campo magnetico generiamo elettricità, facendo passare corrente elettrica in un conduttore, esso tende a muoversi.

Questo significa che in un campo magnetico fisso, come quello tra i poli di una calamita, scaturisce elettricità dal movimento in quel campo di un conduttore.

Questa elettricità prodotta è continua, cioè la corrente fluisce sempre in unico senso, dal polo positivo al polo negativo.

Per inciso, questa è da sempre la convenzione del senso della corrente che però non coincide col senso del movimento degli elettroni nei conduttori che invece si muovono nel senso opposto.

Comunque, questa convenzione storica è rimasta ancora oggi e quindi gli studenti di elettrotecnica devono ricordare questo fatto.

Cosa ha pensato Tesla: se teniamo fisso il conduttore e facciamo variare il campo magnetico, allora si genera una corrente nel conduttore. Prova e riprova ed è proprio vero!

Nacque così l'alternatore in cui si fa ruotare un campo magnetico e delle spire fisse generano una corrente alternata, come spiegheremo in dettaglio nel prossimo capitolo.

Su questo principio Tesla ha costruito la sua teoria per "trasformare" facilmente la corrente elettrica, cioè alzare o abbassare la tensione generata da un alternatore.

Nacque così il trasformatore, dove il campo magnetico variabile è creato da una corrente elettrica alternata, che scorre in un avvolgimento di spire conduttrici.

Senza entrare negli aspetti tecnici che non è lo scopo di questo libro, e semplificando molto, Tesla ha scoperto che, creando un campo magnetico variabile facendo scorrere in un avvolgimento della corrente alternata con un certo numero di spire ed immergendo in quello stesso campo altre spire separate, in queste ultime si genera una corrente alternata con una tensione che dipende dal numero di spire dei due avvolgimenti: era nato il moderno trasformatore.

Se le spire dell'avvolgimento in uscita sono in numero doppio delle spire dell'avvolgimento in entrata, la tensione in uscita (i volt in uscita) è doppia.

Sia chiaro, non è che l'energia in uscita raddoppi, il prodotto tensione per corrente (volt per ampere) non cambia per cui, se la tensione in uscita raddoppia, la corrente in uscita dimezza ed il principio di conservazione è rispettato, altrimenti Tesla avrebbe inventato il moto perpetuo.

Quindi, Tesla aveva scoperto come abbassare e alzare la tensione elettrica a piacimento utilizzando una corrente alternata e così costruire trasformatori che ottimizzassero il trasporto dell'energia elettrica.

Chiaro che, a quel punto, bisognava anche produrla quell'energia elettrica variabile, o meglio alternata, e così alla fine dell'800 nacquero anche grandi alternatori che ancora oggi sono alla base della produzione elettrica e che hanno raggiunto dimensioni gigantesche, quasi come piccoli condomini.

Per non parlare delle tensioni elettriche raggiunte per trasportare energia elettrica a distanze di oltre i mille chilometri, e che oggi superano anche il milione di volt.

La corrente continua non è morta, anzi anche questa si è sviluppata enormemente ed è sfruttata per l'impiego a bassa tensione e per la sua portabilità: le batterie delle nostre auto funzionano a 12 volt e vengono alimentate da una dinamo che non è altro che la versione moderna dell'anello di Pacinotti.

Tutta l'elettronica, i computer, gli smartphone e l'immensa componentistica dell'informatica funzionano con tensioni che vanno da un singolo volt a poco più di 10 volt.

Le celle solari al silicio, oggi estesamente utilizzate nel fotovoltaico, producono corrente elettrica a meno di un volt, e per inserire la loro produzione elettrica in rete, devono essere collegate prima in serie e poi la tensione risultante trasformata in alternata, e quindi alzata ulteriormente con dei trasformatori. Ne tratteremo in seguito in un apposito capitolo.

Tutta l'area tecnica che fa capo all'elettronica è definita delle "correnti deboli" per distinguerla dalle "correnti forti" dell'elettrotecnica.

Corrente monofase e trifase

Passando a piedi o in auto nei pressi di un traliccio ad alta tensione si sarà osservato come a quelle strutture siano appesi tre gruppi di conduttori elettrici, ciascuno composto da tre fili.

Quel complicato sistema di conduttori ottimizza il trasporto dell'energia elettrica dalle centrali alle città.

Grazie alle tecnologie raggiunte, con una sola linea elettrica si può alimentare un'intera città di un milione di abitati.

Per poterlo fare occorre che la tensione sia almeno di 380.000 volt, che la corrente sia trifase e che ogni fase sia trasportata da 3 cavi per ridurre le perdite.

In un capitolo precedente abbiamo descritto il blackout del 2003 in Italia: il disastro fu causato proprio dall'interruzione di potenti linee a 380 kVolt che trasportavano un'enorme quantità di energia per l'Italia.

Fu sufficiente una scintilla tra uno dei cavi ed un albero e ... patatrac, l'Italia intera si spense.

Naturalmente, come abbiamo visto esistono sicurezze e ridondanze che dovrebbero impedire disastri del genere, ed infatti quel tipo di disastri sono molto rari, ma quell'esempio ci dice quale enorme quantità di energia oggi riusciamo a trasportare grazie a Tesla, e non solo a lui.

All'inizio del secolo scorso nasce infatti il "trifase" come conseguenza della ricerca per ridurre il costo del trasporto dell'energia elettrica, giunta ad una spasmodica concorrenza tra i vari produttori, che inseguivano una domanda in grande crescita.

Per ridurre i costi delle linee abbiamo visto che il primo passo fu di alzare le tensioni in gioco: la sezione dei costosi cavi di rame è proporzionale alla corrente elettrica, che deve essere trasportata.

Ricordando come l'energia trasportata sia proporzionale al prodotto tra tensione (volt) e corrente (ampere), appare ovvio che, aumentando la tensione a pari energie trasportata nell'unità di tempo, diminuisce la corrente e quindi la sezione dei cavi e il loro costo.

Solo che esiste un limite alla massima tensione che si riesce ad innalzare con un trasformatore: se oggi si supera anche il milione di volt, all'inizio del secolo scorso già 10.000 volt erano un limite tecnologico insuperabile.

Ecco che all'industria venne in mente un'idea geniale. Non mi è chiaro quanto abbiano a che fare Tesla o la Westinghouse, che con lui lavorava, il fatto è che s'inventarono un modo per ridurre a metà i cavi e quindi dimezzare il costo del trasporto dell'energia a pari quantità di energia trasportata, corrente che prese il nome di "trifase".

Fu un colpo da maestro e i primi che l'attuarono batterono la concorrenza di varie lunghezze.

All'inizio di questo discorso abbiamo parlato dei tre conduttori che collegano i tralicci ad alta tensione, conduttori a loro volta divisi in tre fili.

Per il momento non prendiamo in considerazione che ogni conduttore sia diviso in tre, realtà molto recente che spiegheremo più avanti, all'inizio del trifase questi conduttori avevano ciascuno un solo filo.

Noi sappiamo che, per collegare un qualsiasi apparecchio elettrico alla corrente di casa, occorrono due fili. Con un filo solo, cioè senza ritorno, non accenderemmo nemmeno una lampadina da una candela: la corrente elettrica per realizzare la sua funzione di cedere energia deve scorrere, se la si ferma non succede nulla, e questa è la funzione degli interruttori.

All'inizio del trasporto dell'energia a distanza si raggiunse presto il limite per i cavi disponibili e le massime tensioni generabili: non si potevano aumentare le sezioni dei cavi oltre una certa dimensione, sia per i limiti costruttivi e sia per il peso eccessivo.

Quindi, se si voleva trasportare da un punto all'altro il doppio od il triplo dell'energia massima possibile con una singola linea elettrica, occorreva installarne due o tre di linee in parallelo e se erano tre occorrevano ovviamente 6 cavi, tre di andata e tre di ritorno.

La genialità fu di utilizzare una caratteristica della corrente alternata: questa corrente oscilla in modo sinusoidale tra il meno e il più e per quanto riguarda l'Europa oscilla 50 volte al secondo (in America oscilla 60 volte al secondo).

Se sovrapponiamo due onde uguali sfasandole di 180 gradi il risultato è che le onde si annullano. Questo è vero per il suono, per le onde elettromagnetiche ed anche per la corrente elettrica alternata.

Ed ecco cosa hanno pensato i nostri eroi per ridurre da 6 a 3 i cavi, che sarebbero necessari per trasportare una certa quantità di energia elettrica.

Se realizziamo una linea elettrica con tre cavi ed in ogni cavo facciamo scorrere una corrente alternata, tutte con la stessa frequenza, ma sfasate fra loro di 120 gradi e le sovrapponiamo alla fine della linea, il risultato è che si annullano.

Questa sovrapposizione è in realtà un metodo per creare il cavo di ritorno molto sottile, perché teoricamente non dovrebbe passarci alcuna corrente: quindi un cavo di ritorno anziché 3. Si è poi notato subito che un cavo con corrente "nulla" poteva essere sostituto dalla terra stessa.

In poche parole, alla fine di questa storia tutte le linee elettriche, dall'inizio del '900 ad oggi, si realizzano con soli tre cavi conduttori anziché 6, risparmiando un bel po' di denaro.

Va aggiunto poi, come fosse relativamente semplice produrre energia elettrica alternata trifase agendo sulla disposizione degli avvolgimenti inseriti negli alternatori, e trasformarla efficientemente con appositi trasformatori trifase.

Il trifase è da allora diventato la scelta più economica ed efficace per collegare apparecchiature di una certa potenza, mentre per le case, come sappiamo bene, si preferisce adottare collegamenti monofasi per la loro semplicità.

A questo punto il lettore ricorderà come all'inizio nella descrizione di una linea elettrica ad alta tensione sostenuta da un traliccio, appesi ai grandi isolatori si trovassero ben 3 fili e non uno. In totale quella linea trasportava energia elettrica con un totale di 9 fili.

Questa configurazione non è dovuta al fatto che si sfruttino 9 fasi o cose del genere, ma ognuno dei 3 conduttori per motivi di efficienza è stato diviso in 3 fili. Quindi sono 9, ma l'elettricità è convogliata come se i conduttori fossero 3.

Il motivo è un dannato fenomeno che si chiama "effetto Corona", scoperto a metà del secolo scorso quando, a forza di aumentare la tensione per trasportare sempre più energia al minor costo, si è notato che le perdite aumentavano molto di più di quanto i calcoli prevedessero (legge di Joule).

Che cosa succedeva? Quei benedetti elettroni che, in grande quantità venivano spinti nel conduttore sempre più fortemente, all'aumentare delle tensioni non solo seguivano il percorso del cavo, ma cominciavano a saltar fuori dai cavi stessi illuminando di notte l'aria intorno ai cavi, da cui il nome di "effetto corona".

Con correnti elettriche molto elevate gli elettroni tendono a spostarsi verso la periferia dei cavi come se, anziché pieni, i conduttori fossero dei tubi.

Per ridurre questo fenomeno si dovettero ridurre le sezioni dei cavi e quindi sostituire il cavo singolo con 2 o 3 cavi paralleli, che insieme trasportano la stessa fase di corrente elettrica.

Questo breve racconto, quasi storico, descrive quanto sia stato e sia ancora importante fare in modo che l'energia costi il meno possibile.

L'energia in generale, e quella elettrica in particolare, sono la principale materia prima di tutto ciò che produciamo e consumiamo e la cura che i tecnici ed i politici pongono per trovare il modo di disporne al minimo costo è, e resterà, un obiettivo fondamentale della nostra civiltà.

Va aggiunto che, nel nostro terzo millennio, tecnici e politici si sono trovati improvvisamente a dover fare i conti anche con gli effetti che l'energia ha sull'ambiente, un aspetto a cui le precedenti generazioni non avevano nemmeno lontanamente pensato.

Speriamo solo che esista anche oggi qualche signor Tesla che inventi la via migliore per conciliare la nostra sete di energia con l'ambiente che ci sta bastonando!

Energia elettrica: come si genera

Come abbiamo visto nel capitolo precedente, risale al secolo XIX la fondamentale scoperta che, muovendo un filo conduttore in un campo magnetico, in quel filo si genera una corrente elettrica.

Questo semplice fenomeno fisico è alla base di tutta la produzione di energia elettrica: centrali idroelettriche, a gas, a carbone, eoliche, e persino quelle atomiche, basano su questo principio la produzione dell'energia elettrica in tutto il mondo.

Solo l'energia da celle fotovoltaiche, che hanno fatto recentemente capolino nell'agone della produzione elettrica, converte direttamente l'irradiazione solare in elettricità e non sfruttano un campo magnetico.

Vediamo come funziona questo principio fisico, che è e resterà alla base della maggior parte dei sistemi di produzione, rappresentando lo stadio finale con cui tutte le centrali elettriche producono energia elettrica e la immettono nella rete.

Abbiamo accennato, parlando dell'energia nel capitolo precedente, come sia un conduttore in movimento in un campo magnetico che genera al suo interno una corrente elettrica.

La figura che segue mostra una spira di rame immersa in un campo magnetico generato dai due poli di una calamita, nord e sud.

Se la spira è ferma, non scorre alcuna corrente elettrica nel suo interno e la lampadina collegata rimane spenta.

Se utilizzando la manovella ruotiamo la spira, si dimostra che gli elettroni liberi contenuti nel rame cominciano a circolare nella spira e, attraversando il filamento della lampadina, la accendono.

Praticamente, abbiamo convertito l'energia meccanica che fa ruotare la spira in energia elettrica.

Questo è il principio in base al quale funzionano tutte le dinamo, comprese quelle delle vecchie biciclette che di notte, pedalando per le strade buie, producevano la corrente elettrica che alimentava il faro della bici.

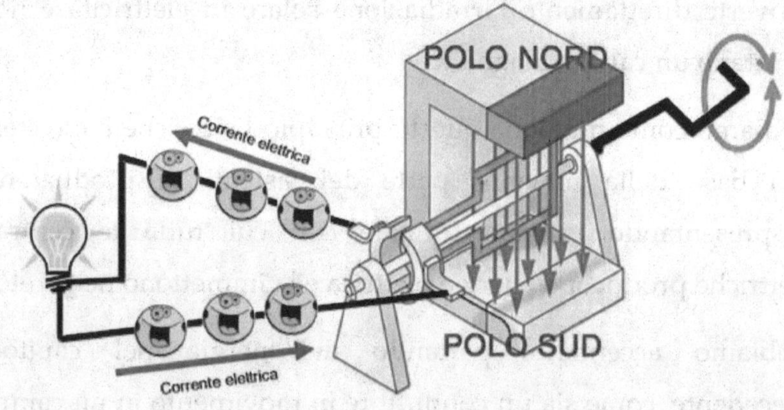

L'anello inventato da Antonio Pacinotti nel 1860 è essenzialmente la realizzazione pratica di quel meccanismo.

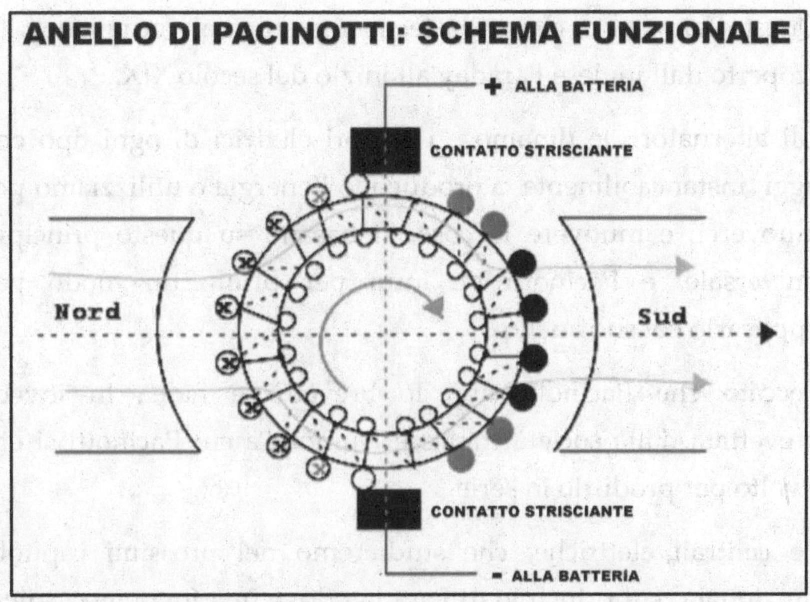

Il principio funziona anche all'opposto. Se sostituiamo la lampadina con una pila, questa genera un flusso di elettroni nella spira creando un suo campo magnetico che si oppone a quello della calamita e costringe la spira a ruotare: abbiamo creato un motore elettrico a corrente continua.

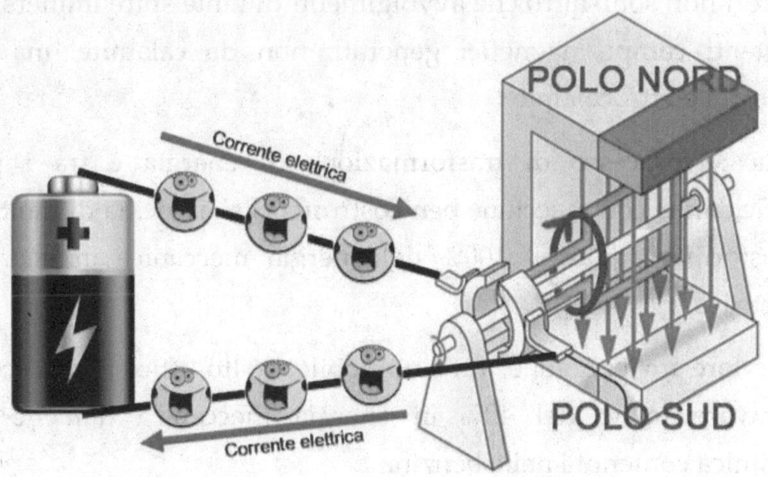

Questo fenomeno, che nella tecnica si chiama" induzione", fu scoperto dall'inglese Faraday all'inizio del secolo XIX.

Gli alternatori, le dinamo e i motori elettrici di ogni tipo che oggi instancabilmente ci producono l'energia e utilizziamo per muoverci, e muovere le cose, si basano su questo principio universale, e Pacinotti ne intuì per primo un modo per applicarlo col suo anello.

Peccato che Pacinotti non lo brevettò e l'idea fu invece brevettata dalla società francese Dumont a cui Pacinotti si era rivolto per produrlo in serie.

Le centrali elettriche, che studieremo nei prossimi capitoli, funzionano sul principio di Faraday dove una forza meccanica, idraulica, termica o ventosa, si sostituiscono alla manovella della figura, trasmettendo energia meccanica o ricevendone in cambio elettricità.

Oggi potenti forze fanno ruotare giganteschi alternatori i cui rotori non sono altro che avvolgimenti di tante spire immersi in potenti campi magnetici generati, non da calamite, ma da enormi elettrocalamite.

Questo processo di trasformazione di energia è tra i più efficienti e, con macchine ben costruite, ci si avvicina di molto a trasformare quasi il 100% dell'energia meccanica in energia elettrica.

Per fare un paragone, un'automobile molto efficiente riesce a ricavare meno del 40% in energia meccanica dall'energia chimica contenuta nella benzina.

All'inizio del libro abbiamo trattato delle unità di misura per l'energia e la potenza. Vale qui la pena di ricordare che l'energia elettrica è completamente determinata conoscendo il suo voltaggio, cioè i volt, ed il suo amperaggio, cioè gli ampere, perché da questi due parametri si possono derivare tutti gli altri, come potenza ed energia.

Ad esempio, moltiplicando fra loro volt e ampere si ottiene la potenza, cioè i watt (W) che, per brevità, quando sono migliaia prendono il nome di chilowatt (kW), quando sono milioni si chiamano megawatt (MW), quando sono miliardi, si chiamano (GW) e quando sono trilioni, si chiamano terawatt (TW). Quindi, ad esempio, 10.000 W sono dieci kW e 10 trilioni di W sono 10 TW.

Si ricorda ancora che l'energia, quella che si paga e si vende, è la potenza nel tempo la cui unità di misura più nota è il chilowattora (kWh), che compare nelle bollette della luce di casa. Un kWh non è altro che il consumo che il nostro contatore misura se abbiamo tenuto acceso un fornello elettrico da un kW per un'ora e che alla fine del mese paghiamo.

Centrali idroelettriche

La produzione delle centrali idroelettriche rappresenta oggi nel mondo circa il 7% dell'energia primaria consumata ed il 16% dell'energia elettrica consumata.

Questa percentuale nel passato raggiungeva oltre il 90% poiché era il principale e il più economico modo per alimentare con corrente elettrica le case e l'industria.

Col tempo si sono esauriti gli invasi disponibili sulla Terra per generare quei salti d'acqua indispensabili per un'efficace generazione di elettricità. È l'enorme sviluppo delle centrali termiche a carbone, petrolio e gas che ha potuto soddisfare quel fabbisogno dopo la Seconda guerra mondiale.

Prima della Seconda guerra mondiale la produzione idroelettrica rappresentava di gran lunga la fonte maggiore di energia elettrica e non pose mai il problema ambientale, che noi oggi viviamo con le fonti fossili.

E' doveroso comunque menzionare come anche l'idroelettrico abbia i suoi inconvenienti ambientali ed abbia provocato numerosi disastri.

Per creare giganteschi invasi si sono dovuti fermare fiumi, spostare villaggi, distruggere terreni agricoli, per non parlare del crollo di qualche diga con migliaia di morti.

In certi casi, con la creazione di laghi artificiali, si sono provocati cambiamenti al delicato sistema meteorologico come nel caso dell'Egitto con la centrale di Assuan.

Dal punto di vista logico una centrale idraulica è la più intuitiva e ricorda i primi mulini ad acqua creati molti secoli fa.

In pratica, se si ha un corso d'acqua, è sufficiente collocare lungo il corso stesso, una turbina sul cui asse è connessa una dinamo, oppure un alternatore, ed il gioco è fatto: si ottiene in modo assolutamente gratuito energia elettrica utilizzabile per illuminare o far girare una dinamo, senza che si consumi alcun carburante, come mostra la figura che segue.

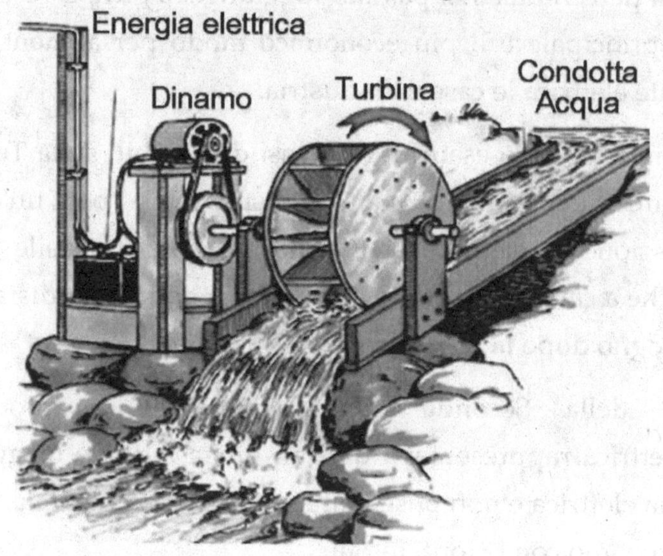

Logico che l'energia ricavabile in questo caso potrebbe alimentare al massimo un'abitazione, mentre con le grandi centrali idroelettriche di oggi si serve città con centinaia di migliaia di abitanti.

Ecco che quindi che si sostituiscono quella traballante turbina in legno e la piccola dinamo con gigantesche turbine ed altrettanto giganteschi alternatori, come nella immagine che segue, il cui diametro è di 5 metri ed il peso di decine di tonnellate.

Per far girare un marchingegno del genere non è sufficiente la forza dell'acqua che scorre in un fiume, ma si deve creare una specie di cascata d'acqua, incanalarla in giganteschi tubi, dette condotte forzate, e spararne l'acqua con una forza spaventosa verso le pale metalliche della turbina.

Nella figura che segue, è riportato lo schema di una centrale idroelettrica, schema sostanzialmente che si applica a tutte le centrali di questo tipo.

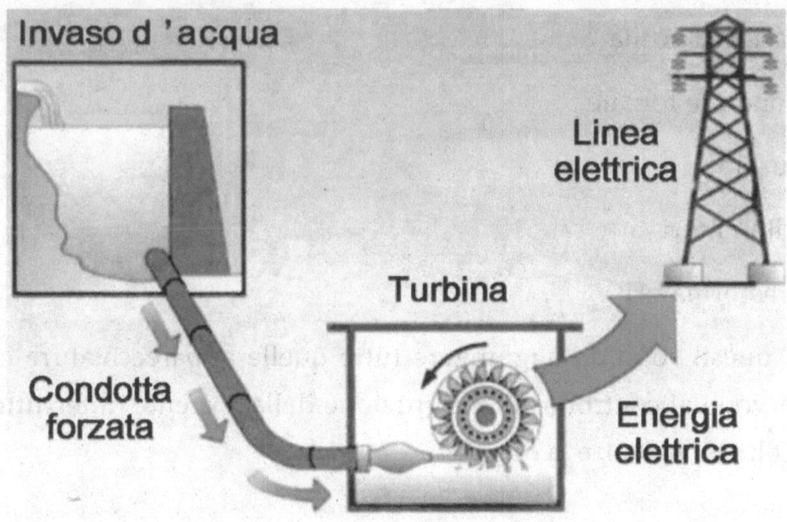

Essenzialmente, l'energia meccanica dell'acqua che scorre viene estratta sotto forma di energia elettrica in base al principio di induzione di Faraday: l'acqua fa ruotare delle spire conduttrici in un campo magnetico ed in queste l'induzione fa scorrere la corrente elettrica.

Il contenuto di energia potenziale posseduto da un chilogrammo d'acqua, che cade da 100 metri, è pari a 0,28 Wh.

Questo significa che per ottenere un kWh occorre far cadere un chilogrammo d'acqua da un'altezza pari a 3,57 km, oppure 3,57 tonnellate d'acqua da 100 metri, questo se il rendimento fosse del 100%.

Come vedremo, parte dell'energia è persa nella caduta per cui al massimo si raggiunge un'efficienza del 90%.

L'acqua deve colpire le turbine con forza e farle girare assieme agli alternatori inseriti su un asse comune.

Gli elementi costituenti di una centrale idroelettrica sono:

Bacino d'acqua

Condotte forzate

Turbine

Alternatori

Trasformatori

A questi sono da aggiungere tutte quelle apparecchiature che servono al controllo, all'interruzione della corrente (interruttori d'alta tensione), e la diga.

L'intero processo può essere sintetizzato con la figura che segue e che mostra anche le tensioni tipiche in gioco, fino alle nostre case.

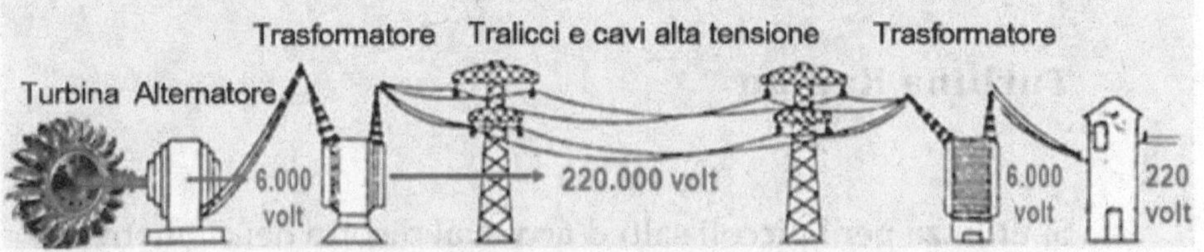

Vediamo ora in dettaglio la parte tipicamente idraulica di questa catena e cioè la turbina che trasforma l'energia dell'acqua in moto rotatorio.

Si deve sapere che una delle caratteristiche più importanti, che gli ingegneri progettisti cercano di ottimizzare, è l'efficienza del sistema; in altre parole, il riuscire a ottenere la massima energia elettrica da un flusso d'acqua.

Nel secolo passato si sono realizzati moltissimi esperimenti e si è scoperto che la forma delle turbine determina l'efficienza e che queste forme ottimizzanti cambiano a seconda dell'altezza del salto dell'acqua che colpisce le turbine.

Si sono così individuati tre tipi fondamentali di turbine, ciascuna delle quali ottimizza la produzione di energia elettrica per specifici salti dell'acqua.

Questi tre tipi di turbine presero il nome dai loro inventori: Kaplan, Francis e Pelton. Con modesti salti d'acqua la turbina più adatta a sfruttare l'energia idraulica è la turbina Kaplan la cui forma assomiglia molto ad un'elica di nave.

Turbina Kaplan

Si utilizza per i piccoli salti d'acqua al disotto dei 60 metri.

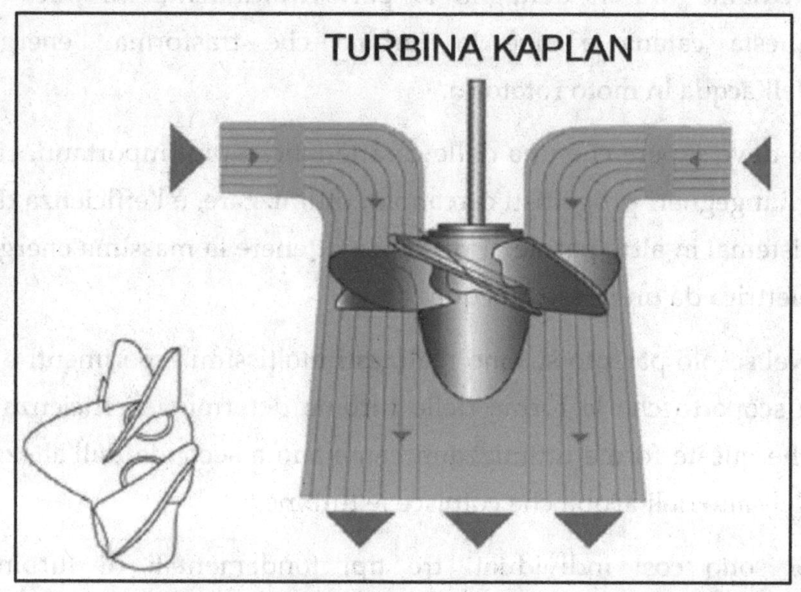

Turbina Francis

Si utilizza per salti molto più alti, fino a 700 metri, ed è ideale per grandi flussi d'acqua, come nel caso del fiume Colorado e della già citata centrale Hoover, sul lago Mead nel Nevada.

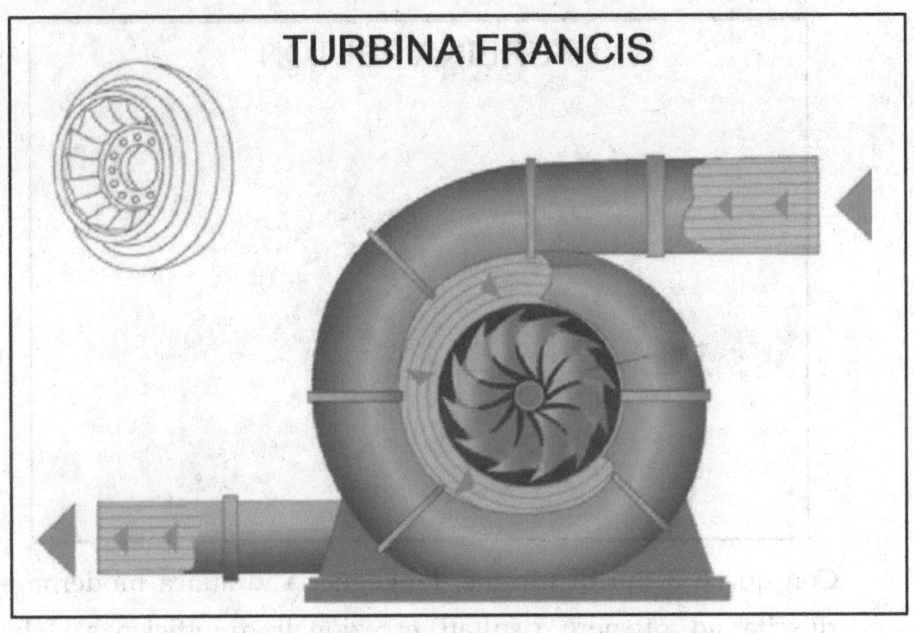

Turbina Pelton

Si utilizza per salti oltre al chilometro che con le sue pale a cucchiaio, supporta le pressioni elevatissime che escono dalle condotte forzate generate da questi elevati salti dell'acqua.

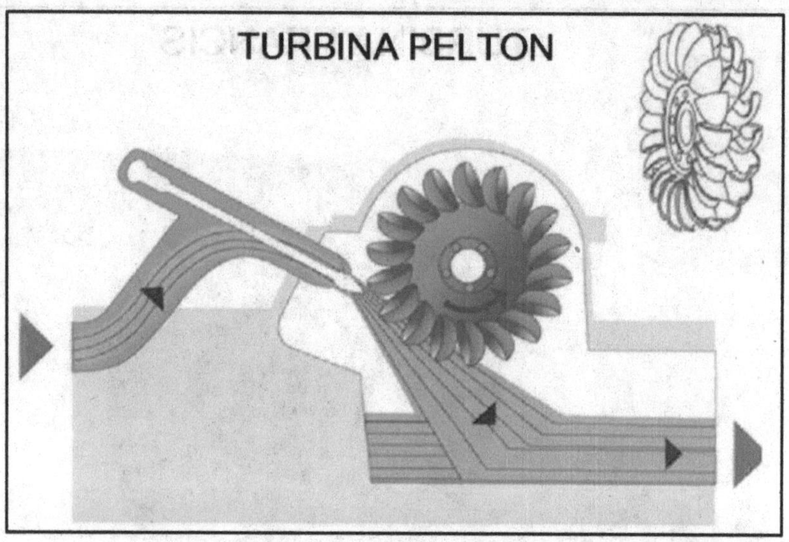

Con questi 3 tipi di turbine, l'ingegneria idraulica moderna è riuscita ad ottenere risultati eccezionali di efficienza che raggiungono e superano anche il 90% (caso delle turbine Pelton).

Esempi di grandi centrali idroelettriche

Cominciamo con la centrale Hoover e la relativa diga costruita nel 1935 e che alimenta l'Arizona e il Nevada negli Stati Uniti.

Riporto qui di seguito alcune delle immagini che ho ripreso durante una mia visita alla diga.

Di seguito due delle quattro torri immerse nel lago artificiale (lake Mead) che raccolgono l'acqua e la inviano alle sottostanti condotte forzate.

Batteria dei giganteschi alternatori collegati alle sottostanti turbine Francis.

Alcuni dati di questa centrale:

Lago artificiale sul fiume Colorado lungo 180 km

Altezza della diga: 210 m

Diametro delle condotte forzate: 9,1 metri

17 turbine: tipo Francis e 2 tipo Pelton

Potenza installata: 2 Gigawatt

Energia prodotta in un anno: 4.200 GWh

Territori serviti: Nevada, Arizona, Sud California

Problemi: per motivi non chiari il lago Mead si sta prosciugando e se il ritmo attuale proseguisse in 10 anni la centrale diventerebbe inservibile. Questo è il peggior rischio per le centrali idroelettriche: che si esaurisca l'acqua.

Quella del lago Mead è senz'altro una delle più grandi centrali idroelettriche al mondo, ma non la più grande in assoluto.

Ecco le centrali idrauliche per nazione e la relativa potenza installata in GWatt:

- Cina, Three Gorges Dam: 22,5 GW
- Brasile, Itaipu Dam: 14 GW
- Venezuela, Guri Dam: 10,2
- Giappone, Kashiwasaki.Kariwa: 8,2 GW
- USA, Grand Coulee Dam: 6,8 GW
- Russia, Sayano Dam: 6,4 GW

Three Gorges Dam

Vale la pena dare un'occhiata alla diga cinese (Three Gorges Dam = Diga delle tre gole) che attualmente è il sistema più grande al mondo di centrale idroelettrica in termini di produzione energetica.

Si tratta di un gigantesco impianto che ha visto gli ingegneri cinesi dover affrontare problemi immensi considerando che si è trattato di fermare uno dei più grandi fiumi cinesi, il Fiume Blu.

L'immensa diga alta 180 metri e lunga più di 2 km ha dato origine ad un invaso di oltre 1.000 km quadrati, quasi tre volte il lago di Garda, ed ha comportato seri problemi ambientali dovendosi spostare oltre un milione di persone, 13 grandi città, 160 piccole città e 1350 villaggi.

LOCALIZZAZIONE DELLA THREE GORGES DAM

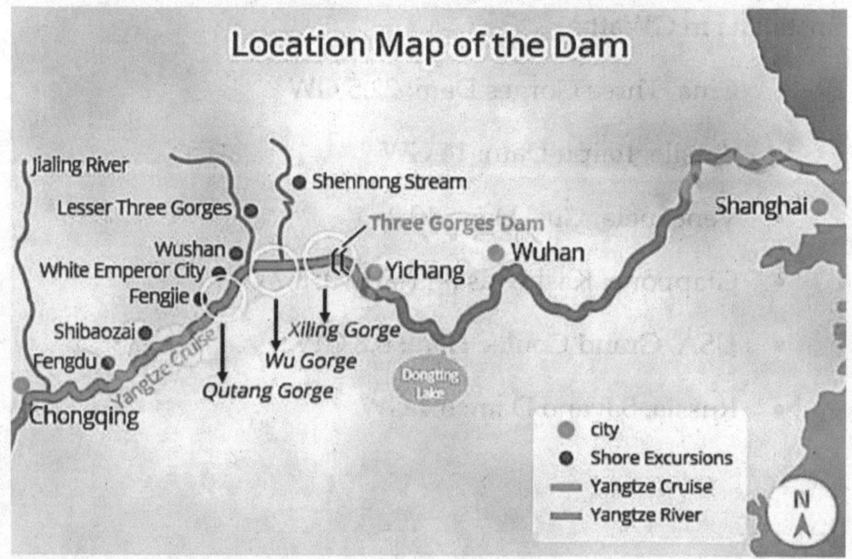

Three Georges Dam (Diga delle tre gole) si trova sul fiume Yangtse (fiume blu), il terzo fiume per lunghezza al mondo. E' collocata nella provincia di Hubei, ad ovest di Shangai da cui dista 1.000 km

Con i 22,5 GW di potenza disponibili, la Cina soddisfa parte del suo immenso bisogno di energia. Per avere 90 TWh all'anno (nel 2018 sono stati 101,6 TWh), pari ad oltre il 3% del fabbisogno nazionale, sono stati sopportati disagi incredibili.

Il lato positivo sta nel fatto che l'alternativa per produrre un'analoga quantità con energia fossile avrebbe richiesto la costruzione di oltre 15 grandi centrali a carbone o petrolio, risparmiando 100 milioni di tonnellate di gas serra all'anno.

Per realizzare la centrale furono ingaggiate numerose aziende cinesi ed internazionali e fu necessario costruire, non lontano dalla diga, una vera e propria grande fabbrica di cemento.

L'energia elettrica prodotta è convogliata a Shangai e ad altre 9 province con 3 linee trifase da 500.000 volt.

La prima collega la rete orientale, la seconda la rete meridionale, e la terza linea, sempre da 500 kV, collega la rete centrale.

In questa gigantesca diga albergano 32 enormi turbine Francis da 70 MW, del peso di 6.000 tonnellate ciascuna, che col salto medio di 80 metri e con un volume medio di 800 metri cubi di acqua al secondo, generano ogni ora circa 22 GWh. Per i servizi la diga dispone anche di 2 ulteriori turbine da 50 MW ciascuna.

Gli studi per la sua realizzazione iniziarono nel 1985 con la creazione di un consorzio di progettazioni denominato "Canadian International Yangtse Joint Venture - CYJV" per il ministero cinese delle acque e l'energia elettrica.

Il costo della centrale ha superato i 30 miliardi di dollari finanziati da un ampio spettro di fondi, incluse obbligazioni emesse per l'occasione. Le 26 turbine sono state costruite dal consorzio formato dalla cinese Hewtt con l'americana General Electric, e dal consorzio Alstom-ABB-Kvaernet.

I trasformatori, e varie parti dell'impianto elettrico, furono forniti dalla società svizzera ABB.

Le 48 pompe ad immersione furono fornite dalla cinese Nanjing Goulds Company in collaborazione con la filiale dell'americana ITT. Alla realizzazione, fornitura degli impianti, e per la gestione della corrente elettrica ad alta tensione, hanno collaborato le società Agra Monenco e Teshmont Consultants. I trasformatori trifase da 840MVA/55KV, e relativi convertitori, furono realizzati e installati dalla svizzera ABB.

TURBINA FRANCIS DA 700 MW NOMINALI

MESSA IN OPERA DELLA TURBINA FRANCIS

Sezione del modello esposto alla mostra visitabile presso la diga e che rappresenta bene il complesso alternatore-turbina e condotta forzata

Centrali termiche

Fanno parte di questa categoria le centrali a carbone, petrolio, gas e geotermiche. In un certo senso sarebbero termiche anche le centrali atomiche che, pur essendo sostanzialmente termiche perché l'energia elettrica la producono sempre attraverso un vapore generato dal calore di fissione atomica, hanno però strutture molto diverse per cui vengono considerate a parte.

Inserite in una rete nazionale, le centrali coprono la base della produzione. Per ottimizzare una rete occorre che le centrali che hanno lunghi tempi di avvio e di fermata, come le termiche, forniscano la base costante dei consumi che stanno sotto il punto di minimo consumo dell'anno.

Le centrali idroelettriche viste prime, invece, sono molto più flessibili e questa loro caratteristica è sempre stata sfruttata anche per coprire la parte variabile dell'energia consumata dalle reti.

Va anticipato qui che questa funzione di flessibilità, in tempi più recenti, è stata assunta anche dalle centrali a gas, che pur facendo parte delle termiche, riescono a modificare la loro potenza semplicemente variando il flusso del gas.

Tutte le centrali termiche si basano essenzialmente sulla stessa struttura base delle centrali idrauliche: la loro sezione peculiare trasforma l'energia chimica in calore bruciando una sostanza fossile che vaporizza l'acqua e questa fa girare una turbina che, essendo coassiale con un alternatore, genera energia elettrica.

Concettualmente quindi, se in una centrale idroelettrica sostituiamo la parte concernente diga e turbina ad acqua con un bollitore e una turbina a vapore, tutta la parte elettrica a valle potrebbe essere la stessa.

In effetti questa flessibilità in Italia è stata utilizzata per modificare centrali a carbone trasformandole in centrali a gas.

Sostanzialmente dalla turbina e tutta la parte elettrica, strutturalmente la centrale non cambia, anche se, come vedremo nella pratica, anche questa è adattata opportunamente per i vari tipi di energia fossile.

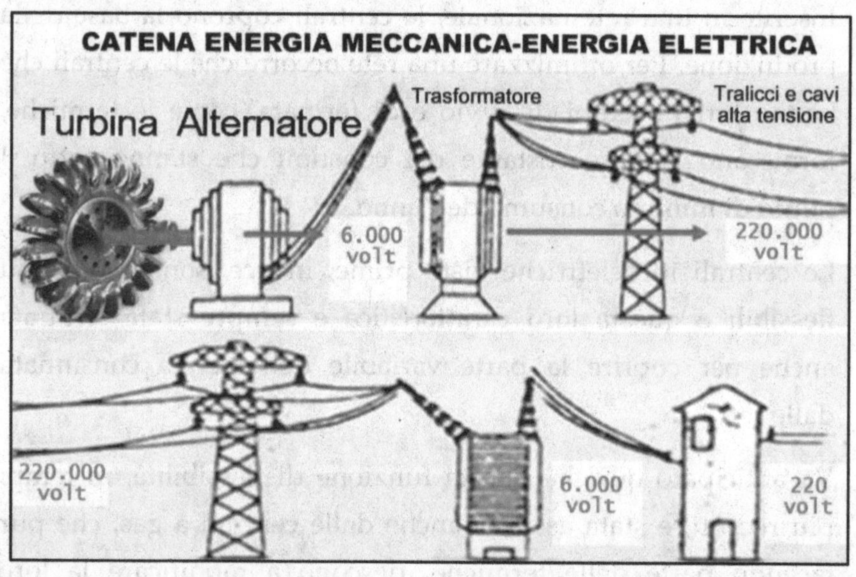

Nel caso delle centrali termiche a trasformarsi in energia elettrica non è la forza dell'acqua o, detto in termini più tecnici, l'energia potenziale dell'acqua per effetto della gravità, ma l'energia chimica contenuta nei carburanti utilizzati.

Nei prossimi capitoli analizzeremo i vari tipi di centrali termiche.

Centrale elettrica a carbone

Va premesso che dei 27.000 TWh di energia elettrica consumata nel mondo nell'anno 2019, quasi 10.000 erano prodotti col carbone, che resta la principale fonte dell'energia elettrica che utilizziamo oggi.

Dal punto dell'importanza quantitativa quindi, le centrali a carbone restano ancora tra le più importanti per l'umanità, nonostante tutti i tentativi per sostituire questo inquinante fossile!

Abbondante e facile da prelevare dalla Terra, il carbone rimane il fossile energetico più economico e ancora tra i più utilizzati da industrie di ogni genere e per produrre elettricità.

Ben sappiamo che negli ultimi anni il suo impiego viene osteggiato, ed a ragione, per l'enorme quantità di gas inquinanti che rilascia in Natura.

Per la sua economicità sarà ben difficile che possa venirne impedito l'uso nei prossimi 20-50 anni semplicemente perché grandi aree del mondo in via di sviluppo come India, Africa e Sud America, non possono rinunciare ad energia così economica.

Persino Paesi sviluppati come USA, Germania, Russa, Italia, e molti, altri attendono lo sviluppo di soluzioni competitive, che tardano a venire.

Sarebbe più logico concentrare ancora più sforzi per far sì che queste centrali abbiano sistemi per catturare i gas in uscita rendendole più accettabili dal punto di vista ecologico … ma siamo ancora lontani.

Fatta questa premessa, vediamo di capire come funzionano.

La prossima figura schematizza una centrale a carbone, la più diffusa tipologia di centrale.

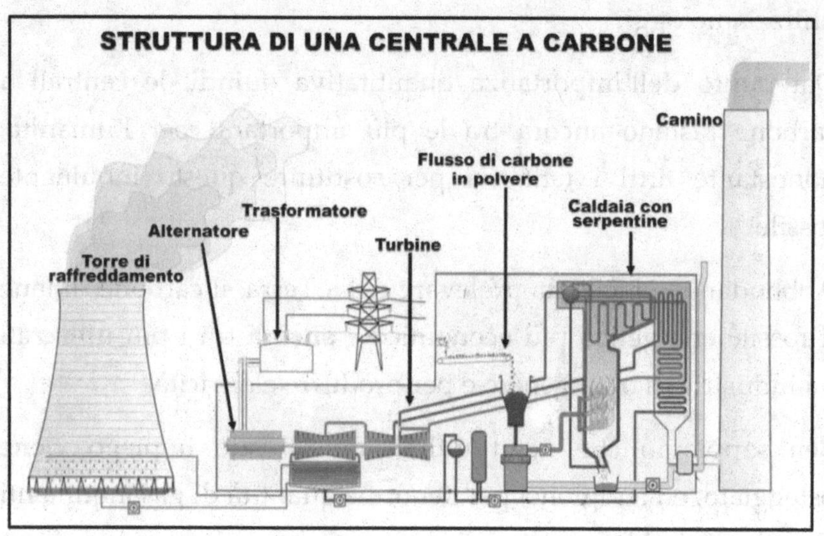

La struttura è apparentemente più complessa di una centrale idraulica poiché, in questo caso, occorre estrarre il massimo calore possibile dal carbone e utilizzare un complesso sistema di serpentine nel forno in cui si genera il vapore che fa girare le turbine.

In sostanza, bruciando il carbone si ottengono elevate temperature che vaporizzano l'acqua che scorre nelle serpentine e queste portano il vapore ad alta pressione dentro apposite turbine, molto simili a quelle che si usano nei motori a turbina degli aerei.

Queste turbine ruotano ad alta velocità facendo ruotare uno o più alternatori che si trovano sul loro asse generando così l'energia elettrica che è immessa sulla rete elettrica tramite un trasformatore che ne eleva la tensione.

Storia

La storia delle centrali elettriche a carbone ha a che fare con la storia del carbone stesso, un fossile scoperto migliaia di anni orsono e considerato una sostanza molto pregiata per le sue capacità di bruciare lentamente e generare molto calore.

Un chilogrammo di carbone contiene, infatti, quasi 10 chilowattora (kWh) ed è alla pari con la benzina. Fu il primo carburante per uso trazione con i treni a vapore della prima metà dell'800 che "sfrecciavano" sulle "strade ferrate" di allora.

Fu Naturale per Edison sfruttarlo nel 1882 per realizzare la prima microscopica centrale elettrica a carbone collegando una dinamo ad una piccola turbina che prelevava vapore da un pentolone a pressione piena d'acqua.

Originale presso il Museo della Scienza e della Tecnica a Milano

Funzionamento

La sezione termoelettrica di una centrale a carbone è costituita dalle strutture presenti nella figura seguente.

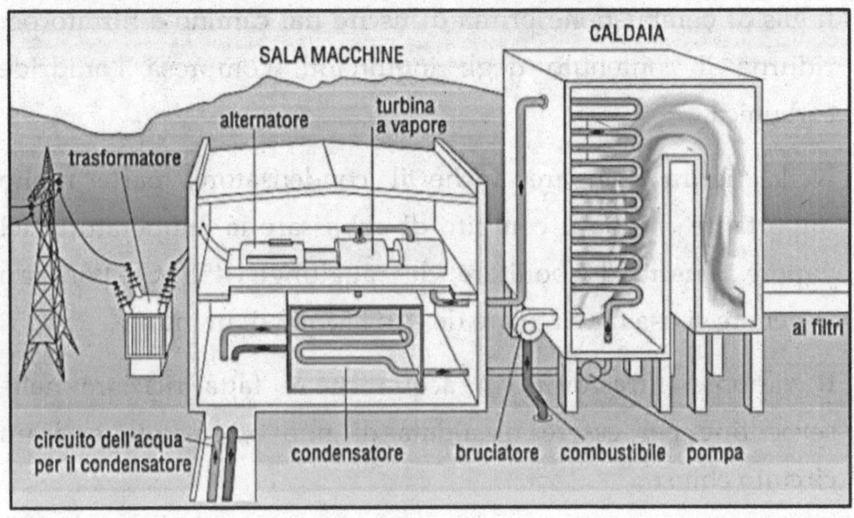

Le strutture tipiche che sostituiscono quelle che nella centrale idroelettrica erano diga, turbine e scarico d'acqua sono qui:

Caldaia

Sala macchine,

Filtri

La caldaia, o generatore di vapore, è la struttura dove si brucia il carbone e da cui tutto ha inizio con il vapore che sotto pressione si genera nelle serpentine.

Il vapore passa alla sala macchine in cui una o più turbine viene fatta ruotare dalla sua pressione.

Le turbine sono coassiali con uno o più alternatori che generano quell'energia che giunta al trasformatore s'incanala sulla linea ad alta tensione.

Il gas di combustione prima di uscire dal camino è filtrato per ridurne il contenuto degli inquinanti, compresa l'anidride carbonica.

Nella figura compare anche il condensatore, parte molto importante che ha il compito di abbassare la temperatura del vapore in uscita dal bollitore, che raggiunge i 450° C e per farlo in genere si usa far circolare dentro l'acqua di un fiume.

Il vapore si trasforma in acqua che è fatta riciclare nelle serpentine per essere riscaldata di nuovo, creando così un circuito chiuso.

Va qui ricordato che, l'efficienza di un sistema del genere, dipende dalla differenza tra la temperatura all'interno della caldaia e la temperatura dell'acqua nel condensatore (ciclo di Carnot).

Questo tipo di centrale e le idrauliche sono state alla base della maggior parte dell'energia elettrica prodotta nel mondo fino alla seconda guerra mondiale ed hanno costituito l'elemento fondamentale per la crescita della nostra società.

Dopo la Seconda guerra mondiale, petrolio, gas e nucleare si sono affacciati prepotentemente come soluzioni per la nostra fame di energia, ma ancora oggi la vince il carbone.

Oggi nel mondo, tra piccole e grandi, stanno funzionando quasi 10.000 centrali a carbone, e ne sono in costruzione altre centinaia: sarà difficile impedire che inizino a produrre energia.

La più grande centrale a carbone si trova in Cina, la Tuoketuo, che produce 33 TWh bruciando quasi 20 milioni di tonnellate di carbone all'anno.

Il maggiore consumatore di carbone al mondo è la Cina, con 1.888 milioni di tonnellate, seguita da India (412) e Stati Uniti (358). In Europa la classifica è guidata dalla Germania (75) seguita dalla Polonia e dalla Turchia.

Elenco delle principali centrali a carbone nel mondo:

Cina, Tuoketuo, 6,7 GW

Sud Corea, Taean, 6,1 GW

Sud Corea, Dangjin, 6 GW

Taiwan, Taichung, 5,5 Gw

Polonia, Betchatow, 5,1 kW

Sud Corea, Yeongheung, 5 GW

India, Vindhyachal, 4,7 GW

Germania, Neurath, 4,4 GW

Serbia, TPP Nikola Tesla, 3.3 GW

Italia, Enel Federico II, 2,6 GW

Italia, Ferrara Erbognone, 1 GW

Norvegia, Kvilldal, 0,7 GW

UK, Drax, 3,9 GW

Completiamo la disanima delle centrali a carbone andando a scoprire dove e come è fatta la più grande al mondo.

Centrale elettrica a carbone Tuoketuo

Si trova nella provincia Tagtoh a Nord della Cina, andando 300 km ad ovest da Pechino.

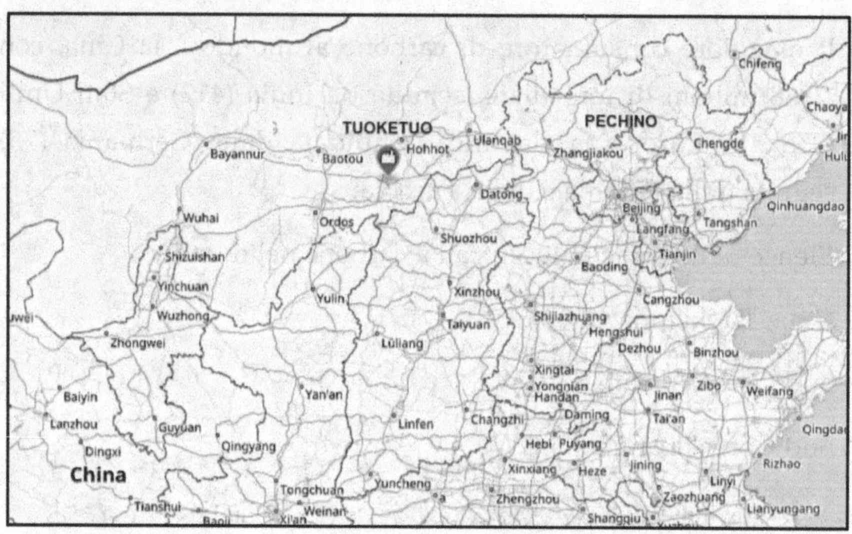

Questa immensa centrale con una potenza installata di 6,7 GW copre le esigenze di una buona parte della Cina nordorientale compresa la capitale Pechino a cui è diretta la maggior parte dell'energia trasportata da una linea da 500 kVolt.

Iniziata nel 2003 è' costituita da un totale di 12 gruppi turbina-alternatore, di cui gli ultimi 2 a pressione supercritica, sono stati commissionati nel 2017.

Data la dimensione della centrale ed i consumi che ne conseguono per funzionare, è stata installata in una posizione strategica a 50 km da importanti miniere di carbone ed a 12 km dal fiume Yellow River (Fiume Giallo) di cui sfrutta enormi quantità d'acqua per il suo raffreddamento.

Il suo costo è stato di 1,3 miliardi di US $ ed è stata costruita in 6 fasi, ognuna delle quali aggiungeva, in tempi record, 2 gruppi turbina-alternatore.

Al suo finanziamento ha partecipato anche la Banca Mondiale con un contributo pari a 400 milioni di US$.

I suoi dati sono:

Posizione: Togtoh County, Hohhot, Inner Mongolia, China

Acqua: Shui Po Beach dall' Yellow River a 12 km

8 unità da 600 MW

2 unità da 300 MW

2 unità da 660 MW

Potenza installata totale nominale: 6.720 MW

Produzione annua media: 33,3 TWh

Linee elettriche in uscita: 500 kVolt

Centrale elettrica a petrolio

Le centrali a petrolio sono concettualmente simili alle centrali a carbone sostituendo la parte che converte l'energia chimica in energia meccanica e che fa ruotare l'alternatore.

Vedremo poi con le centrali a gas come si possano realizzare centrali miste.

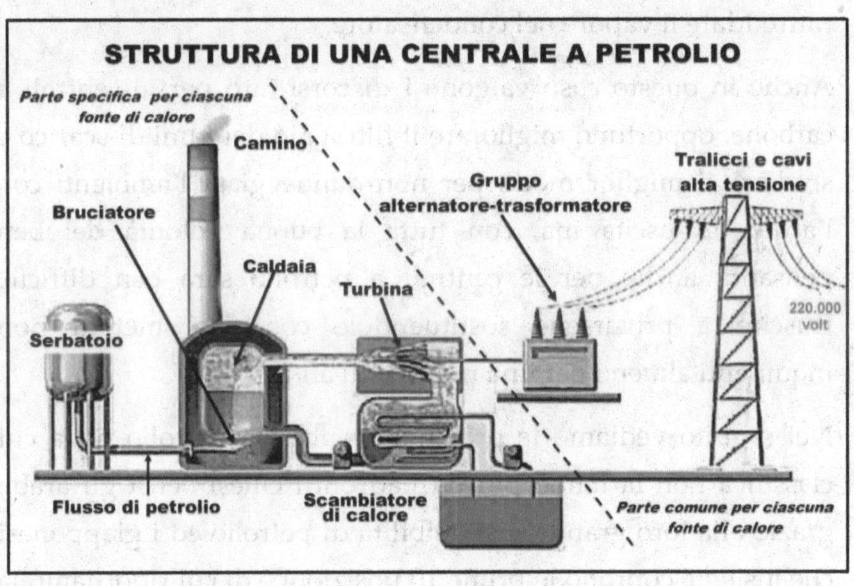

Sono caratterizzate da una caldaia, alimentata automaticamente da un serbatoio che contiene il petrolio e che il bruciatore converte in calore.

Nelle caldaie apposite serpentine trasformano il calore in vapore ad alta pressione che immesso nella turbina a 450 C° le imprime un veloce movimento di rotazione.

L'alternatore, posto sull'asse della turbina, genera pertanto energia elettrica che è trasportata in rete dall'insieme trasformatore e linea ad alta tensione.

Abbiamo estratto dal petrolio l'energia che il Sole ha accumulato in milioni di anni e l'abbiamo portata alle case, alle industrie ed alle diavolerie tecnologiche dei giorni nostri: un bel lavoro!

Il mondo esterno alla centrale riceve grandi quantità di fumi inquinanti e notevoli volumi d'acqua tiepida utilizzata per raffreddare il vapore nel condensatore.

Anche in questo caso valgono i discorsi fatti per le centrali a carbone: opportuno migliorare il filtraggio dei fumi di scarico e studiare il miglior modo per non danneggiare l'ambienti con l'acqua in uscita ma, con tutta la buona volontà dei ben pensanti, anche per le centrali a petrolio sarà ben difficile riuscire a privarsene sostituendole con altri metodi non inquinanti almeno per una trentina di anni.

Nel seguito vediamo le principali centrali a petrolio nella cui classifica non la fanno più da padroni i cinesi bensì gli arabi, grazie alla loro grande disponibilità di petrolio ed i giapponesi che insieme coprono le prime 10 posizioni e di cui riportiamo la prima per ciascun Paese

Arabia Saudita, Shoaiba 5.6 **GW**

Yokosuka, 2,28 GW

Azerbaijan, Azerbaijang, 2,4 GW

Iraq, Al-Shemal, 2, GW

Italia, Alessando Volta, 3,6 GW

Italia, Enel Federico II, 2,6 GW

Al-Shuaibah

Un gigantesco impianto basato sull'energia da petrolio di cui l'Arabia Saudita abbonda più che ogni altra nazione al mondo.

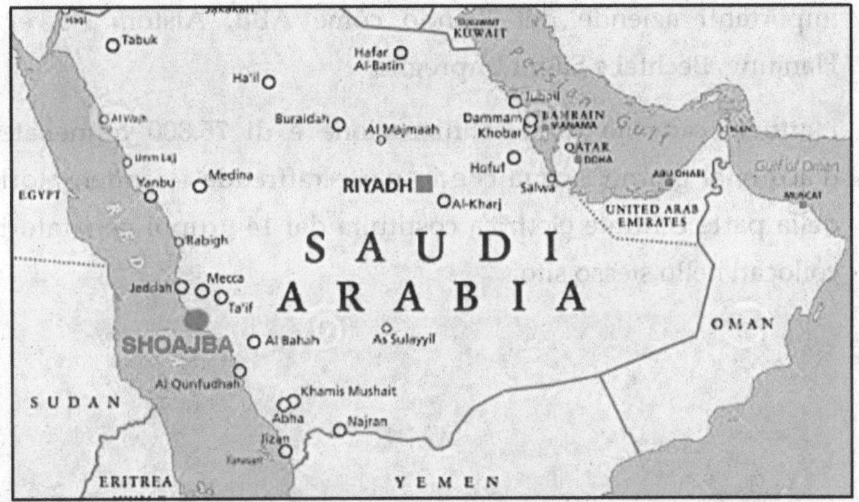

La Shoaiba power plant si trova sulla costa del Mar Rosso 120 km a sud di Jeddah

Questo complesso basato sul petrolio è molto di più che una centrale: fa parte anche delle 31 stazioni per la desalinizzazione dell'acqua di mare che consente all'Arabia Saudita di disporre di ingenti quantità di acqua dolce sia per l'utilizzo da parte dei suoi cittadini e sia per gli usi industriali come il raffreddamento delle centrali termiche.

La centrale è composta da 14 unità con una potenza installata totale di 5.6 GW, che la rende la più grande centrale elettrica a petrolio al mondo.

La sua costruzione è iniziata nel 1985 e da quell'anno si è ampliata secondo prestabilite fasi di cui l'ultima è terminata quest'anno 2020.

Negli anni, per la sua realizzazione, hanno partecipato le più importanti aziende del mondo come ABB, Alstom Power, Hanjung, Bechtel e Salini Impregilo.

L'attuale capacità di desalinizzazione è di 76.800 tonnellate d'acqua al giorno, acqua che in parte raffredda i condensatori della parte centrale elettrica costituita dai 14 gruppi generatori collocati nello stesso sito.

Shoaiba power plant per la produzione di energia elettrica e acqua dolce col petrolio è il più grande impianto al mondo del genere

Il consorzio guidato da ABB ha costruito la centrale elettrica dotata di tre turbine, generatori di vapore a recupero di calore e apparecchiature ausiliarie per la generazione di energia.

La centrale è collegata alla rete con un elettrodotto da 380 kV mentre l'acqua potabile viene trasferita attraverso un acquedotto lungo 80 chilometri alla rete nazionale.

Centrale elettrica a gas

Essendo una centrale termoelettrica possiamo riprendere lo schema che abbiamo visto nel capitolo precedente per le centrali a petrolio e modificarne la parte termica per sostituirla con un sistema a gas.

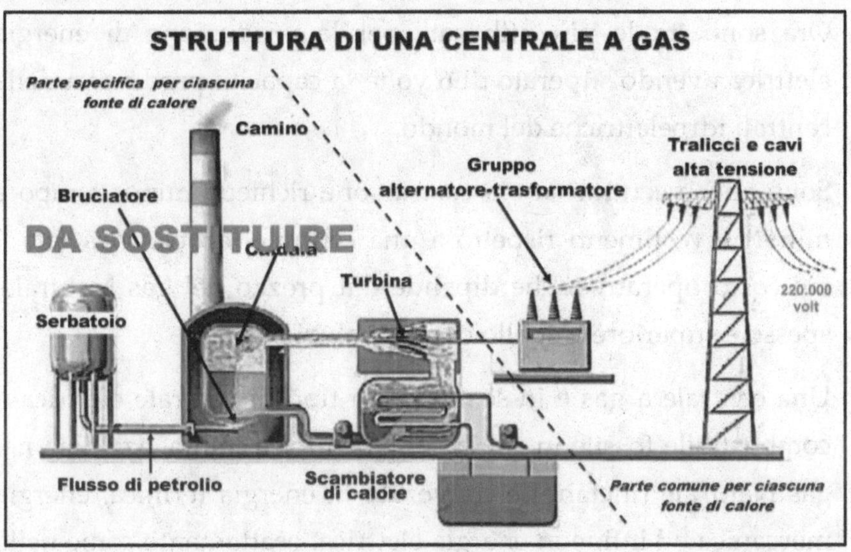

La parte che fa muovere la turbina, il vapore ad alta pressione, in questo caso è generato da una caldaia in cui l'acqua e riscaldata da un bruciatore che utilizza il gas anziché il petrolio.

Questo tipo d'impianto ha gli stessi difetti di quello a petrolio: l'accensione del gas non fa partire la centrale perché il calore deve portare a evaporazione l'acqua che solo quando ha raggiunto una certa temperatura con una certa pressione comincia a trasferire lavoro dalla turbina all'alternatore.

Anche questa centrale è adatta per impianti di grande dimensione che coprono la parte base della produzione di energia elettrica, dove i tempi di accensione e spegnimento sono tollerabili.

Si sono diffuse dopo la Seconda guerra mondiale per il ritrovamento di numerosi giacimenti di gas Naturale (metano), per la loro flessibilità che permette di modificarne la produzione di elettricità in modo semplice e rapido.

Ora sono tra le più utilizzate per la produzione di energia elettrica avendo superato di 6 volte la capacità produttiva delle centrali idroelettriche del mondo.

Sono anche centrali la cui costruzione richiede minor tempo e minori investimenti rispetto a una centrale idroelettrica, ma il cui costo operativo, che dipende dal prezzo del gas Naturale, spesso è superiore a quello di altre soluzioni.

Una centrale a gas è in sostanza un tipo di centrale elettrica a combustibile fossile in cui l'energia chimica immagazzinata nel gas Naturale (metano) è convertita in energia termica, energia meccanica ed infine in energia elettrica. esattamente come nello schema della centrale a petrolio.

Sebbene non possano superare in efficienza il limite del ciclo di Carnot per la conversione dell'energia termica in lavoro utile, il calore in eccesso può essere utilizzato negli impianti di cogenerazione di nuova generazione per riscaldare edifici, produrre acqua calda e riscaldare materiali su scala industriale.

Le centrali a gas sono tra le principali cause di emissione di anidride carbonica e contribuiscono notevolmente all’effetto serra anche perché ora non dispongono di sistemi per la cattura e lo stoccaggio delle emissioni di CO2.

Centrale a turbina con ciclo aperto

Non utilizza il circuito acqua-vapore. Una turbina a combustione interna alimentata a gas, simile a quella di un motore a reazione di aereo, fa girare una turbina collegata a un generatore di elettricità.

Il calore residuo ad alta temperatura è scaricato in atmosfera esattamente come un aereo.

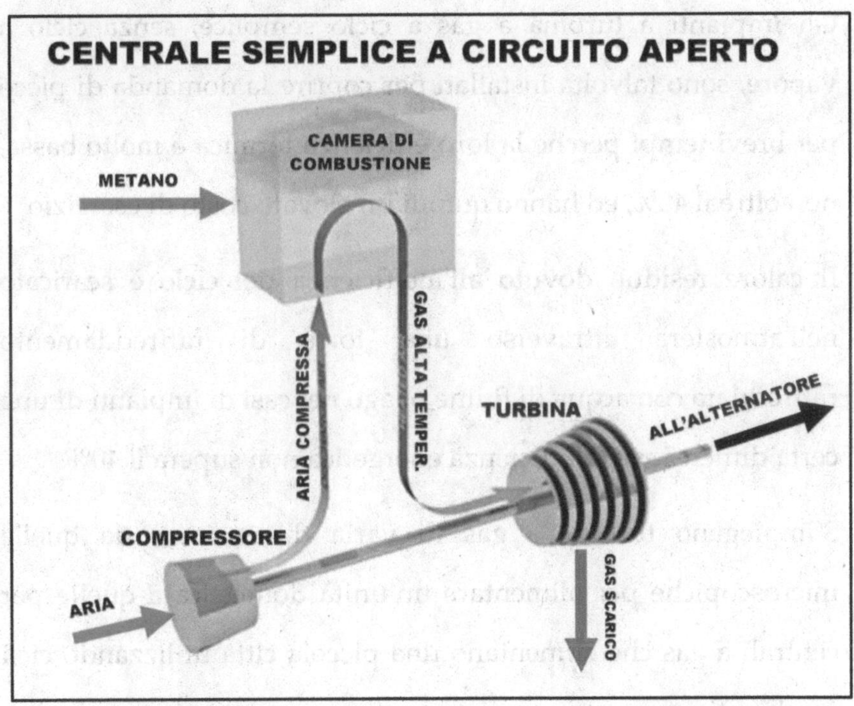

Schema della parte termica di una centrale a gas a circuito aperto

La turbina ed il generatore sono alloggiati in un involucro progettati per ridurre i livelli di rumore e occupare un'area relativamente piccola.

Un compressore aspira l'aria dall'atmosfera e la comprime attraverso una serie di stadi del compressore.

Il carburante pompato in una camera di combustione è miscelato con l'aria compressa e quindi acceso generando un gas caldo ad alta velocità.

Gli impianti a turbina a gas a ciclo semplice, senza ciclo a vapore, sono talvolta installati per coprire la domanda di picco per brevi tempi perché la loro efficienza termica è molto bassa, non oltre il 40%, ed hanno quindi un elevato costo di esercizio

Il calore residuo dovuto all'inefficienza del ciclo è scaricato nell'atmosfera attraverso una torre di raffreddamento raffreddata con acqua di fiume o lago nei casi di impianti di una certa dimensione. L'efficienza energetica non supera il 40%.

S'impiegano turbine a gas di varia dimensione, da quelle microscopiche per alimentare un'unità domestica a quelle per centrali a gas che alimentano una piccola città utilizzando cicli combinati gas-vapore

Piccola turbina a gas utilizzata su barche o dimore terrestri

Centrale a gas a ciclo combinato

Ha due circuiti separati, il primo analogo alla centrale a ciclo semplice a gas ed il secondo ad acqua.

La configurazione più comune è quella con due turbine a gas che alimentano una turbina a vapore.

Sono più efficienti degli impianti a ciclo semplice e possono raggiungere efficienze anche superiori al 60% con tempi di accensione di circa mezz'ora.

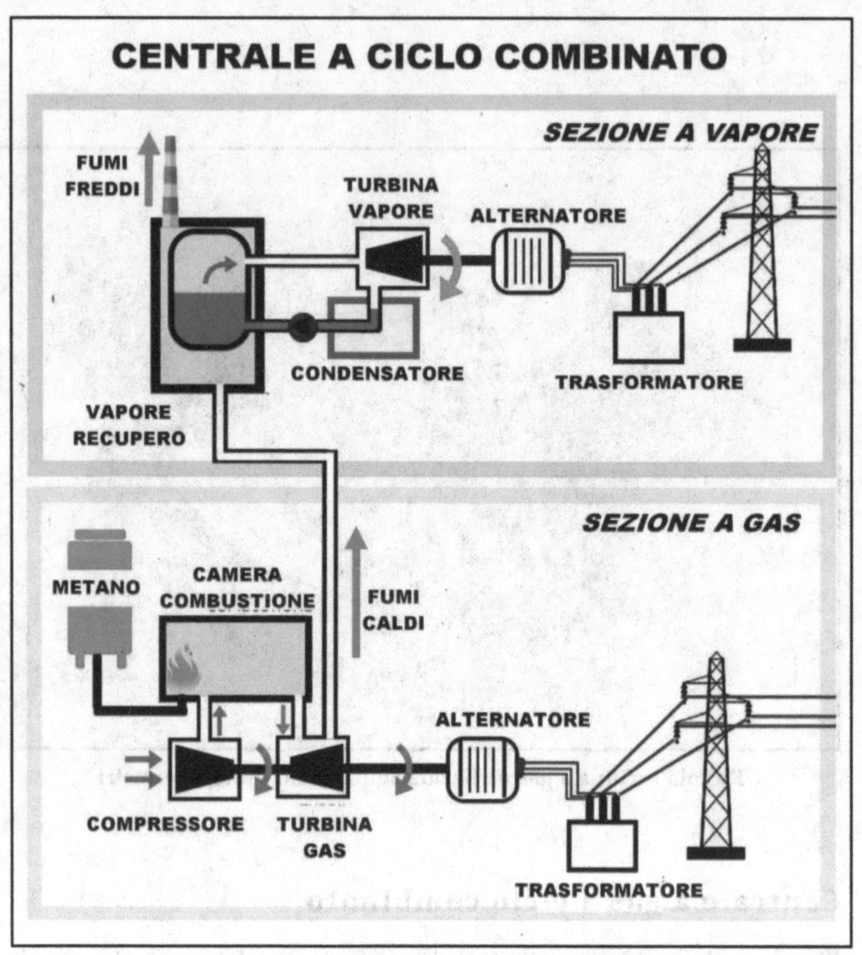

Schema di una centrale a ciclo combinato.

Mentre col circuito semplice della centrale aperta il gas molto caldo che esce dalla turbina, si disperde nell'ambiente sprecando una buona dose di energia calorifica, nel ciclo combinato quel gas, o fumi, è convogliato in una caldaia piena d'acqua a cui cede il calore vaporizzando l'acqua stessa.

Il vapore cede la sua energia grazie ad una turbina che muove l'alternatore. Si recupera così quell'energia che altrimenti andrebbe persa e che può rappresentare più del 20% dell'energia totale ceduta dal metano o altro carburante gassoso.

Si costruiscono centrali molto efficienti ed anche di notevole potenza che sono molto flessibili in termini di carburanti gassosi, tanto è vero, come vedremo, che queste strutture possono funzionare anche ad idrogeno.

Enorme turbina a gas per l'impiego in grandi centrali della potenza installata anche di diversi GW.

Idrogeno

Le centrali elettriche a gas possono essere modificate per funzionare a idrogeno e, secondo la General Electric, è una scelta economicamente vantaggiosa rispetto alle centrali a ciclo semplice con idrogeno prodotto partendo dal gas naturale (metano) con un processo detto di "reforming" o riscaldandolo per precipitare il carbonio.

È considerato come un passo verso un'economia dell'idrogeno, riducendo in tal modo le emissioni di carbonio ... ma siamo solo all'inizio.

Conclusione

Il gas naturale è un carburante fossile che ne consente un impiego molto flessibile e, almeno in certi casi, anche economico.

Può essere trasportato e immagazzinato ovunque e sfruttato con l'impiego di una vasta gamma di strutture da dimensioni microscopiche a quelle paragonabili delle più grandi centrali a carbone.

Dai motori a combustione interna per potenze inferiori ai 20 MW utilizzati per l'energia di emergenza e per bilanciare l'energia rinnovabile variabile come il vento e il fotovoltaico alle unità da centinaia di MW.

Per quanto riguarda l'ecologia, le centrali elettriche a gas emettono circa 500 g di CO_2 per kWh di elettricità generata che è circa la metà di quello delle centrali elettriche a carbone, ma si stanno studiando metodi per catturare i gas emessi che prima o poi arriveranno.

Al momento, nonostante il calo dei costi delle energie rinnovabili, la maggior parte delle centrali elettriche alimentate a gas rimangono più economiche, soprattutto nei paesi dove non si devono pagare i diritti sulla produzione di anidride carbonica.

Molti Paesi che non hanno energia fossile come il carbone puntano sul gas e tra questi l'Italia che ha convertito buona parte delle vecchie centrali a carbone con centrali a gas a ciclo combinato.

In Italia questo processo continua con nuove centrali a gas che saranno realizzate per arrivare a eliminare la restante quota di energia da carbone.

Grandi centrali a gas:

UAE, Jebel Ali Power Plant, 8,7 GW
Russia, Surgut-2, 5,7 GW
Giappone, Higashi-Niigata, 5,2 GW
Egitto, Burullius Power Station, 4,8 GW
Taiwan, Tatan, 4,4 GW
USA, West Country, 3,8 GW
Italia, Alessandro Volta, 3,6 GW
Belarus, Lukomi, 2,9 GW
Iran, Damavand, 2,9 GW
Germania, Weiswiler, 2,5 GW
Germania, Irsching, 1,9 GW
Algeria, Adjret-En-Nouss, 1,3 GW

Dubai, Jebel Ali M-Station

Vista aerea del Golfo Persico con la centrale Jebel di Dubai

Costata 3,1 miliardi di US $, ultimata nel 2013, questa immense centrale elettrica e di desalinizzazione sul Golfo Persico provvede alla fornitura di 500.000 metri cubi di acqua dolce al giorno e 8,7 GW di potenza elettrica convogliata all'esterno con una linea da 400 kV.

Per la sua realizzazione hanno partecipato l'Impregilo come capo commessa per la parte elettrica, Alstom, Siemens, Korean ElectricalAssociation, Hyosung, Cotec, Torishima, Meteomarine, Sjong e Lianyoungang Group.

Centrali atomiche a fissione

Anche questo tipo di centrale fa parte della categoria generale delle centrali termiche, solo che qui il calore per produrre il vapore che muove le turbine deriva da un processo di fissione nucleare e quindi è opportuno considerarle a parte per questa loro peculiarità.

Va subito detto che dal punto di vista della produzione di energia elettrica pulita, intendendo per pulita il fatto che non inquini con CO2, queste sarebbero le centrali ideali: non bruciano nulla e non emettono alcuna anidride carbonica.

Ma pare proprio che ogni volta che la natura ci avvicina a una soluzione questa soluzione mostri subito qualche lato negativo e le centrali atomiche ne hanno di enormi: la radioattività e le scorie!

L'uranio arricchito utilizzato ed i derivati dalla fissione sono altamente radioattivi e tossici e le scorie possono mantenere la loro radioattività anche per centinaia di migliaia di anni.

Allo stato attuale nel mondo ne stanno funzionando 435 con potenza installata di 368 GW distribuite in 31 nazioni. Ve ne sono 63 in costruzione e 154 programmate. In Europa la sola Francia ne ha in funzione ben 60.

Lo stimolo maggiore alle nuove costruzioni arriva dai Paesi in via di sviluppo e in grandi Paesi come Cina ed India.

Persino l'Iran, che galleggia sul petrolio, vuole piena libertà per costruirne diverse e sfruttare l'energia atomica, mentre disporrebbe di petrolio illimitato ed a basso costo.

Morale della favola, il mondo con le centrali atomiche ed i loro rischi dovrà conviverci almeno per i prossimi 100 anni!

E dovendo convivere con questa abbastanza pericolosa realtà, vediamo come una centrale elettrica atomica è fatta e come funziona.

In sostanza in questi tipi di centrale, quello che nelle centrali termiche tradizionali è il forno alimentato a carbone o gas, qui viene sostituito da un così detto "nocciolo" contenente la parte radioattiva a cui è demandato il compito di riscaldare l'acqua ad alta temperatura fino a formare un vapore ad alta pressione che viene inviato alle turbine per far girare uno o più alternatori.

Solo che in questo caso il carburante, in genere uranio arricchito, non si comporta come un mucchio di carbone la cui presenza al massimo sporca un po' l'aria, qui si tratta di sostanze estremamente radioattive e pericolose che vanno tenute molto isolate dall'ambiente circostante e la cui dispersione in vari incidenti ha provocato ingenti danni nel recente passato.

La figura che segue mostra lo schema semplificato di una centrale atomica, dove il nocciolo attivo è racchiuso in un involucro di contenimento realizzato in cemento armato ed acciaio a prova di esplosione per contenere eventuali malfunzionamenti o peggio, la fuoriuscita di materiale radioattivo dal nocciolo.

Trascuriamo per un momento la parte della centrale che utilizza il vapore in pressione per far girare la turbina, abbastanza simile a quella vista nel capitolo precedente e concentriamoci sul nocciolo, la parte tipica di una centrale atomica.

Come illustra la figura seguente, il nocciolo è costituito da barre di uranio arricchito (vedremo poi cosa significa questo termine) con interposte delle barre mobili di grafite.

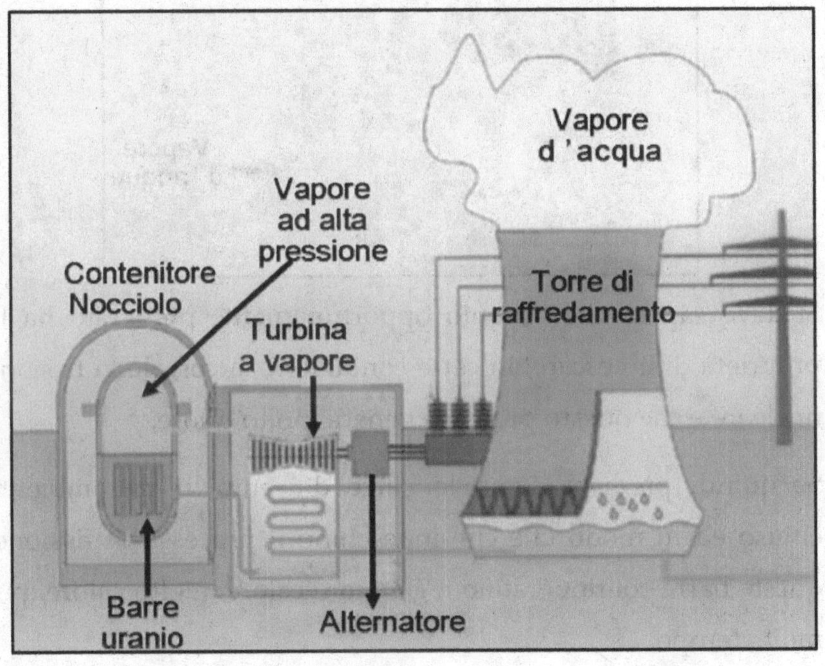

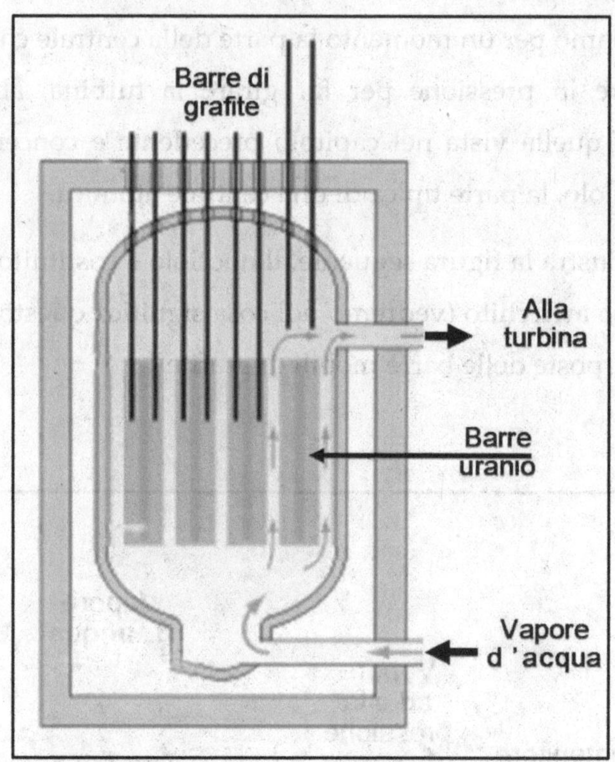

Si deve sapere che l'uranio opportunamente preparato ha la proprietà di innescare, in certe condizioni, la così detta fissione nucleare e che questo processo genera molto calore.

Se quindi predisponiamo le barre d'uranio in un ambiente chiuso ed in modo tale che inneschino il processo di fissione, queste barre continueranno a generare calore, molto calore, per molto tempo.

In fisica atomica si studia però che questo processo può essere rallentato interponendo della grafite tra i vari elementi di uranio, o meglio, se nel nostro nocciolo configuriamo il tutto in modo tale che se tutte le barre di grafite vengono abbassate il processo di fissione si blocca e che alzandole la generazione di calore aumenta, alla fine otteniamo un qual cosa di simile ad una centrale a gas, dove regolando il gas ne regoliamo la fiamma come in cucina.

Qui il tutto si regola alzando ed abbassando le barre di grafite e questo è il metodo con cui una centrale atomica viene governata.

Qualcuno a questo punto potrà porsi la domanda del perché mai intestardirsi a costruire centrali così pericolose se si può generare il calore per produrre vapore in altri modi.

Ebbene il tutto è dovuto a motivazioni economiche e di logistica. Tralasciamo quelle economiche sulle quali esistono enciclopedie di documenti ed è difficile trarne delle conclusioni che, tra l'altro, variano nel tempo, ma quelle logistiche possono essere almeno capite rapidamente e sono alla base delle scelte di alcuni Paesi.

La fissione nucleare utilizza quantità minime di materiale per generare enormi volumi energetici, basta pensare alla bomba atomica che utilizza lo stesso principio.

Tanto per fare un esempio, una centrale atomica da un GW in un anno utilizza tra le 100 e le 200 tonnellate di uranio arricchito, una centrale a carbone per generare la stessa energia in un anno dovrebbe bruciare tre milioni di tonnellate di carbone, tra l'altro immettendo in atmosfera ingenti quantità di CO2, mentre la centrale atomica immette nell'atmosfera solo vapore acqueo.

Chiaro quindi che, se un Paese privo di miniere di carbone o di pozzi di petrolio volesse immagazzinare riserve di carburante per le proprie centrali e per anni, difficilmente potrebbe farlo con prodotti tradizionali, mentre lo spazio per la riserva di carburante per centrali atomiche è di gran lunga inferiore.

Questo spiega in parte le motivazioni che hanno portato Paesi come la Francia ed il Giappone a dotarsi di molte centrali atomiche e di cui non potranno fare a meno anche negli anni futuri.

Prima di dire due parole su come funziona la fissione in una centrale atomica, va menzionato che oggi siamo alla così detta quarta generazione per quanto riguarda queste centrale e che questa generazione parrebbe molto sicura, mentre i rischi di quelle delle precedenti generazioni, soprattutto la prima e la seconda, di cui purtroppo ve ne sono ancora in funzione, non sono trascurabili.

Negli anni i tecnici hanno realizzato strutture sempre più sofisticate e sempre più sicure, anche se la sicurezza assoluta non potrà mai esistere per qualsiasi struttura umana.

Ad esempio, il vapore generato dal nocciolo e che quindi è radioattivo, dopo la prima generazione si è deciso che non vada più direttamente alla turbina come sembrerebbe nella figura precedente, ma passa in uno scambiatore di calore dove cede il suo calore ad altro vapore, senza contaminarlo e che quindi giunge pulito alla turbina.

Scambiatore e tubature connesse sono contenuti nel nocciolo, un ambiente da cui non può uscire nulla anche in caso di grave incidente ... si spera!

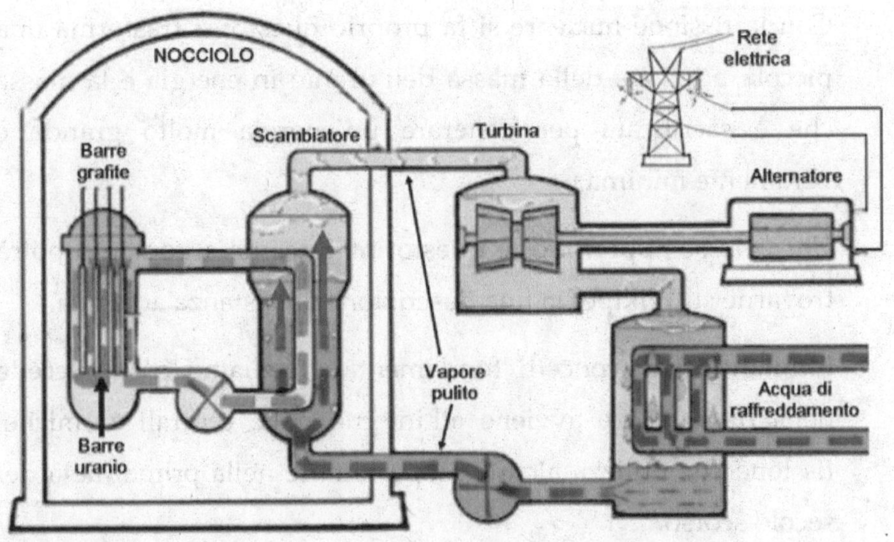

Cerchiamo ora di capire come funziona questa fissione nucleare che genera così tanta energia e cosa sia l'uranio arricchito, senza entrare in complicati concetti di fisica.

Il punto di partenza è quanto Einstein capì nel 1905. Energia e materia sono la stessa cosa, quindi si può trasformare la materia in energia secondo la famosa equazione già vista:

$$E=mc^2$$

e che stabilisce come l'energia contenuta nella materia sia pari al prodotto della massa moltiplicato per la velocità della luce elevata al quadrato.

Questa equazione, nella sua semplicità, conferma che se trasformiamo un grammo di materia in energia, l'energia che salta fuori è pari a quella contenuta in centinaia di milioni di tonnellate di carbone.

Con la fissione nucleare si fa proprio questo: si trasforma una piccola porzione della massa dell'uranio in energia e la massa che è sacrificata per generare un'energia molto grande è veramente minima.

Chi volesse approfondire questo interessante argomento potrà trovarne su Wikipedia una descrizione abbastanza accurata.

Limitandoci ai concetti fondamentali, vediamo cosa succede nella fissione che avviene all'interno delle centrali atomiche, fissione che utilizza alcune scoperte fatte nella prima metà del secolo scorso.

Alcuni esperimenti, effettuati da Fermi prima e da altri scienziati poi, dimostrarono che era possibile spaccare gli atomi di alcuni elementi e che il risultato erano altri elementi la cui massa risultante era leggermente inferiore rispetto la massa dell'elemento che li aveva generati.

Cosa era successo alla massa mancante? Si era trasformata in energia esattamente come aveva previsto Einstein.

Da lì nacque tutto quello che oggi noi sappiamo bene, compresa la bomba atomica.

Solo che la bomba atomica sperimentata nel 1945 trasformava l'uranio, ed anche il plutonio per precisione, negli elementi più leggeri in un colpo solo, per cui il processo scatenava una quantità di energia in un istante, tale da creare gli infausti effetti distruttivi che purtroppo la guerra ha visto.

Nelle centrali il fenomeno della perdita di massa che si trasforma in energia avviene lentamente e in modo controllato, come abbiamo visto, grazie alle barre regolatrici di grafite e al fatto che le barre d'uranio non sono così "arricchite", come si dice, da creare le condizioni per un'esplosione atomica.

Ora dobbiamo chiarire cosa s'intende con quel termine "arricchimento" che ormai è diventato gergo comune, soprattutto per la questione dell'atomica iraniana: quante volte sentiamo alla televisione che si discute sul fatto che non si vuole permettere all'Iran la costruzione di bombe atomiche ed a tal fine si vuole impedire che l'Iran possa arricchire l'uranio oltre un certo limite.

Per capire questo fatto delicato dobbiamo sapere che non tutto l'uranio è fissile, ma la fissione può essere ottenuta solo da un suo particolare isotopo (l'isotopo di un elemento è lo stesso elemento ma con peso atomico diverso) che si chiama uranio 235, dove 235 rappresenta il così detto peso atomico.

Nelle miniere d'uranio che si trovano in varie parti del mondo, è presente praticamente solo l'uranio 238 con piccole tracce di uranio 235, quest'ultimo è quello indispensabile per fabbricare le bombe atomiche e per creare la fissione nelle centrali.

L'industria, quindi, deve riuscire a estrarre dall'uranio minerale l'uranio 235 e per far questo si utilizza un processo che separa i due isotopi agendo sulla diversità del loro peso.

E' un processo molto complicato perché i due isotopi hanno le stesse caratteristiche chimiche per cui non si possono usare i metodi tradizionali per separarli per via chimica ed inoltre hanno differenze di peso modestissime.

Semplificando molto, si gasifica il minerale e questa specie di gas è centrifugato in speciali centrifughe ad altissima velocità, le quali agendo sul differente peso dei due componenti, allontanano lentamente verso l'esterno il più pesante uranio 238 arricchendo sempre più la parte interna di uranio 235.

Per realizzare una bomba atomica occorre avere alcuni chili di uranio 235 in sostanza puro, mentre per le barre di una centrale si utilizza uranio 238 arricchito di circa il 10% di uranio 235.

Ritornando alla questione dell'Iran si può così capire perché all'International Atomic Energy Agency è stato affidato l'incarico di verificare che l'Iran, con le sue migliaia di centrifughe, non superi un arricchimento dell'uranio oltre il 20% superando la quale percentuale si dimostrerebbe la volontà di usarlo per armamenti atomici.

Per non lasciare il mistero di come funziona la fissione per le centrali atomiche, vediamo il principio con cui operano gli atomi di uranio per creare energia.

Tutto parte dallo spaccare l'atomo di uranio 235 colpendolo con un proiettile costituito da un neutrone.

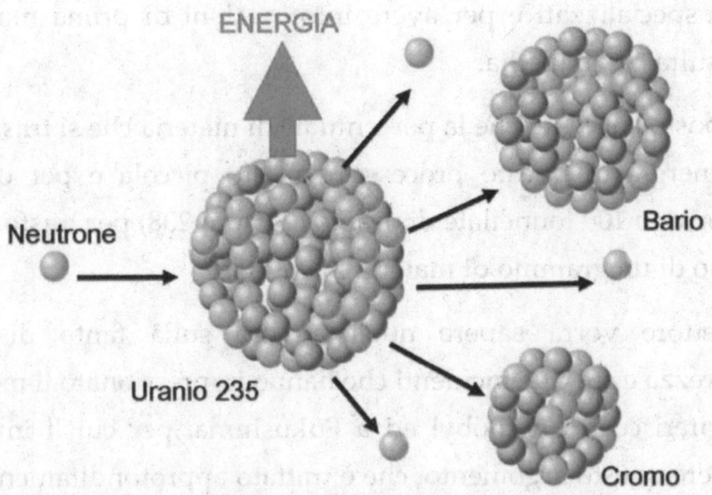

Quando accade questo l'atomo di uranio, si spezza in atomi di altri elementi, nella figura bario e cromo, e inoltre spara fuori due o tre neutroni che a loro volta possono colpire altri atomi di uranio 235 e proseguire il processo di fissione.

Poiché la somma delle masse di cromo più bario più i neutroni fuoriusciti è inferiore alla massa di partenza dell'atomo di uranio 235 questa differenza è emessa sotto forma di energia nella misura definita dall'equazione di Einstein.

Se gli atomi di uranio 235 sono tanti e superano quella che è definita "massa critica" si ha un'esplosione atomica.

Se invece gli atomi di uranio 235 sono mischiati con uranio 238 secondo un'opportuna percentuale si ha solo emissione di energia controllata, come avviene nelle centrali atomiche dove proprio le barre di grafite assorbendo i neutroni regolano la fissione in maniera precisa per ottenere l'energia voluta.

Suggerisco a chi ha nozioni di fisica e che ha voglia di approfondire l'argomento in modo scientifico di accedere ai testi specializzati e per avere informazioni di prima mano di consultare Wikipedia.

Va posto l'accento che la percentuale di materia che si trasforma in energia in questo processo è molto piccola e per questo occorrono 100 tonnellate di uranio (235 più 238) per trasformare meno di un grammo di materia in energia.

Il lettore vorrà sapere qualche cosa sulla tanto discussa sicurezza e sui due incidenti che hanno impressionato il mondo, mi riferisco a Chernobyl ed a Fukushima, per cui li invito a leggere questo argomento, che è trattato approfonditamente sul sito della International Atomic Energy Agency, mentre qui riporto solo qualche notizia di base, per non lasciare l'argomento senza un breve riassunto.

I due incidenti, gravissimi, sono completamente diversi fra loro, addirittura opposti, nel senso che quello di Chernobyl è stato causato per l'imperizia degli operatori e comunque con una centrale relativamente vecchia come progetto, mentre l'incidente alla centrale di Fukushima è avvenuto in una centrale moderna, assolutamente sicura, ma per il cui progetto non era stato previsto un evento catastrofico naturale secondario, lo tsunami.

In breve nella centrale di Chernobyl si stavano eseguendo dei test per delle verifiche e ad un certo punto i tecnici, apparentemente impreparati per intervenire in casi di emergenza, avevano addirittura staccato i sistemi di sicurezza automatici per operare a mano sulle barre di grafite.

Questo ha innescato una serie di eventi che non sono più riusciti a controllare con una fissione che è partita incontrollata fino a far esplodere il nucleo centrale, esplosione non atomica, ma che ha sparso intorno e nell'atmosfera materiale radioattivo.

Per quanto riguarda l'incidente a Fukushima, il progetto si è dimostrato perfetto per quanto riguardava il resistere a terremoti di massima potenza, tanto che qualcuno disse che in quella zona il posto più sicuro per non morire a seguito dei terremoti sarebbe stato dentro a quella centrale.

Solo che è accaduto l'imprevisto: al verificarsi del terremoto i sistemi automatici di sicurezza sono intervenuti subito fermando la centrale e abbassando le barre di grafite; se ci fosse stato solo il terremoto, tutto sarebbe andato bene.

Si deve sapere che le barre di uranio, anche dopo aver fermato la centrale, devono essere raffreddate perché i neutroni continuano per un bel po' di tempo a operare la loro fissione.

I progettisti della centrale avevano previsto che, se gli alternatori della centrale si fossero fermati facendo mancare l'energia elettrica alle pompe dell'acqua per il raffreddamento, altre pompe alimentate da energia elettrica prodotta da appositi generatori esterni sarebbero entrati in funzione per raffreddare il nocciolo: queste pompe infatti si sono subito messe in moto ed hanno cominciato a raffreddare in modo autonomo il nocciolo.

Solo che poco tempo dopo è arrivato un enorme tsunami dal mare che ha raggiunto la parte esterna della centrale, bloccando le pompe esterne e lasciando il nucleo a surriscaldarsi fino a creare bolle d'idrogeno che esplodendo hanno danneggiato l'involucro esterno, facendo fuoriuscire materiale radioattivo.

Questo secondo disastro ha avuto conseguenze meno disastrose di quello di Chernobyl e soprattutto limitato alla regione vicino alla centrale. Ciò ha comunque insegnato ai progettisti di centrali atomiche a prevedere proprio tutto, ma tutto … ammesso che sia possibile, anche perché mi sembra che non prevedano ancora oggi l'arrivo di un bel meteorite!

Centrali geotermiche

L'energia geotermica, come dice il nome stesso, viene prodotta grazie al calore che, in certi punti della crosta terrestre, è estraibile trovandosi a profondità raggiungibili dalle trivellazioni.

La potenza installata nel mondo si aggira sui 10 GW di cui gli Stati Uniti rappresentano il 3 % e l'Italia circa l'uno per cento, quindi si tratta pur sempre di quantità apprezzabili.

Data la sua natura è chiaramente un modo di produrre energia elettrica senza inquinare ed anche se ha la grande qualità di produrre energia costante durante l'anno, purtroppo non sono molti i siti nel mondo dove queste centrali sono economicamente realizzabili.

La struttura di base di una centrale geotermica è rappresentata nella figura che segue.

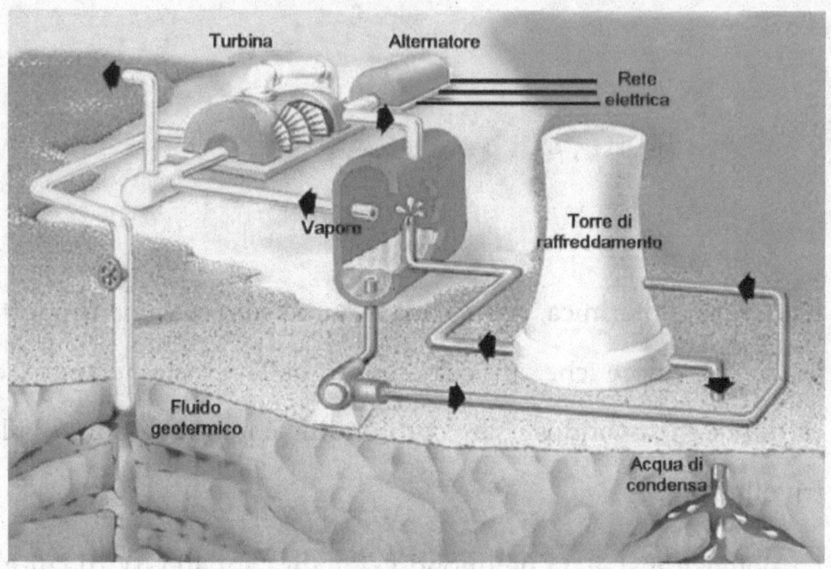

E' evidente che in questo tipo di centrali il progetto e la relativa costruzione sono fortemente dipendenti da quello che si trova in natura: qui non si possono certo decidere a priori, come nel caso delle centrali termiche, la pressione e la temperatura in uscita dall'impianto di riscaldamento o forno che dir si voglia.

Quindi il progetto varia a secondo della configurazione e delle caratteristiche della "miniera di calore" che si ha a disposizione.

Se la sorgente sottoterra consiste in un serbatoio di vapore a sufficiente temperatura e pressione, allora è agevole prelevare quel vapore come natura ha creato ed immetterlo direttamente in una turbina che fa girare l'alternatore a lei collegato e quindi può essere immessa in rete una praticamente inesauribile energia elettrica pulita o quasi.

Questo è il caso ideale per la produzione di energia elettrica, il cui schema è rappresentato nella figura vista sopra.

Se la miniera di calore non produce vapore ma sola acqua calda, allora si preferisce utilizzarla per il teleriscaldamento incanalando la stessa acqua calda attraverso tubazioni verso gli ambienti da riscaldare.

In questo caso anche acque a temperatura relativamente basse, di sotto ai 100°C, possono essere sfruttate in modo economico ed efficace. L'Islanda ne è un esempio, dove tutti gli abitanti dell'isola usufruiscono di questa calda risorsa in un ambiente praticamente ghiacciato tutto l'anno.

Lo studioso di questi argomenti può approfondire la geotermia accedendo alle ampie pubblicazioni della Geothermal Resources Council.

Limitandoci qui alle centrali geotermiche per la generazione di elettricità, oggetto di questo libro, può essere interessante dare un'occhiata ad uno dei più avanzati impianti al mondo, che si trova proprio in Italia a Larderello.

Si tratta di una centrale geotermica di tutto rispetto per volume di energia, prodotta con una potenza installata di circa 800 Megawatt, una delle più grandi del mondo ed in grado di fornire calore ed energia elettrica ad una comunità di due milioni di abitanti.

La centrale funziona a ciclo continuo, nel senso che il vapore prelevato dalla profondità di un paio di chilometri ed alla temperatura di 250°C, dopo aver fatto girare le turbine per generare elettricità, viene rimandato raffreddato nelle profondità del terreno in modo da rimettersi in ciclo come vapore: una vera meraviglia della tecnologia italiana!

Centrali eoliche

Anche qui il termine specifica bene che stiamo parlando con qualcosa che ha a che fare col vento, ricordando le reminiscenze liceali sulle divinità dell'antica Grecia di cui Eolo era la divinità che presiedeva proprio il vento.

Tratteremo qui quello che è uno dei più antichi modi inventati dall'uomo per risparmiare fatica, strappando dal vento la sua energia: i mulini a vento.

Il principio è noto anche ai bambini più piccoli quando soffiando su una girandola, la fanno girare, tra la loro meraviglia e l'incoraggiamento dei genitori.

Abbiamo, infatti, imparato fin da tempi remotissimi che, forgiando in modo opportuno delle gigantesche pale imperniate su un asse di legno o di metallo, queste pale esposte al vento cominciano a girare e che, collegandovi una ruota ricavata da un sasso con essa si poteva macinare il grano, oppure, collegando un diverso attrezzo, sollevare l'acqua dai pozzi.

Gli aerogeneratori, così si chiamano i moderni mulini a vento, hanno forme molto diverse dai loro antenati, raggiungono altezze anche di oltre 100 metri e le pale sono grandissime, per lo più di alluminio o in fibra di vetro.

Si collega sull'asse un generatore di corrente elettrica con cui ruota solidalmente e con il tutto, che si orienta nella direzione ideale rispetto al vento, l'energia elettrica silenziosamente fluisce all'esterno.

La localizzazione delle centrali eoliche viene accuratamente scelta in base alle statistiche storiche delle zone ventose ed in quelle zone, dette campi eolici, molti aerogeneratori vengono collegati elettricamente fra di loro per raggiungere potenze installate utili per il collegamento con le reti nazionali.

Ogni aerogeneratore di qualche rispetto dispone mediamente di una potenza elettrica installata intorno al megawatt per cui, per disporre di una potenza installata pari ad una centrale a carbone da un GW, gli aerogeneratori necessari sono circa mille.

La localizzazione delle centrali eoliche viene accuratamente scelta in base alle statistiche storiche delle zone ventose ed in quelle zone, dette campi eolici, molti aerogeneratori vengono collegati elettricamente fra di loro per raggiungere potenze installate utili per il collegamento con le reti nazionali.

Per avere un pareggio per quanto riguarda l'energia prodotta, essendo l'energia del campo eolico dipendente dal vento, occorre mediamente installarne da tre a cinquemila.

Questo è il limite delle centrali eoliche, cioè la questione ambientale, in quanto l'installazione di un gran numero di pali eolici deturpa l'ambiente, per cui si tende ad utilizzarle in zone poco abitate o e recentemente anche in mare aperto.

Nonostante questi limiti l'energia eolica ha visto un grande sviluppo nel nostro secolo soprattutto in zone remote e lontane da altre centrali elettriche, come nel nord-ovest della Cina, in Arizona ed altre nazioni. Si prevede a breve che la potenza installata nel mondo superi i 400 GW.

Inoltre, anche per singole abitazioni, laddove il vento risulta sufficiente, oggi questa tecnologia vede un'interessante applicazione.

Per quanto riguarda l'Europa ora sono installate 2800 turbine distribuite in 11 Paesi e soprattutto, sempre in Europa, si stanno sviluppando importanti campi eolici marini che dovrebbero fornire notevoli quantità di energia pulita senza turbare l'ambiente.

La sola Francia avrà al suo attivo con quest'anno, 2020, ben 6 GW di potenza eolica installata in ambiente marino.

Per gli interessati ad approfondire l'argomento dell'eolico marino, suggerisco di consultare il Global Wind Energy Council (GWEC).

Ma come funziona e come è fatto l'aerogeneratore? Vediamolo nello schema della prossima figura.

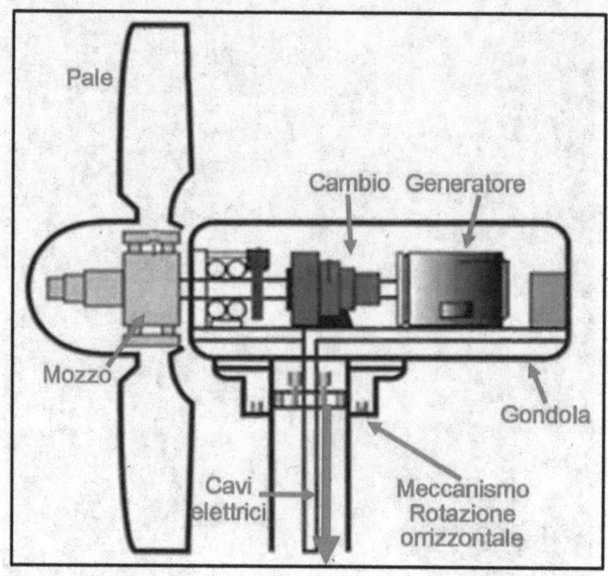

In un aerogeneratore la forma delle pale ha un'importanza fondamentale, un po' come le pale delle eliche di un aereo. Da loro dipende buona parte dell'efficienza del sistema e vengono progettate con particolare cura, anche sperimentandole nella galleria dei venti che si usa per le auto.

In genere sono fisse, anche se in alcuni grandi aerogeneratori hanno la possibilità di essere regolate per ottimizzare la presa sul vento in funzione della sua velocità.

Questi sistemi sono costruiti per raccogliere l'energia eolica da venti in un particolare campo di velocità del vento stesso, tipicamente tra i 10 metri al secondo ed i 30 metri la secondo.

Al di sotto ed al di sopra di queste velocità non si produce energia elettrica, al di sopra per evitare rotture meccaniche.

Ne esistono di una gran varietà di tipi, da quelli piccolissimi per alimentare una baita di montagna a sistemi giganteschi su piloni che superano i 200 metri e con potenze installate di qualche MW, in altre parole dove c'è vento oggi, l'umanità assetata di energia è in grado di sfruttarne la forza a suo vantaggio.

NOTA IMPORTANTE. L'energia eolico descritta in questo capitolo è variabile dipendendo dalla forza variabile del vento. Come si è spiegato nel capitolo relativo le RETI ELETTRICHE, è fondamentale ricordare che per mantenere in funzione una rete elettrica interconnessa, l'assorbimento da parte dell'utenza e la fornitura della rete devono mantenersi sempre identiche. Per far questo con le reti esistenti l'energia variabile immessa in rete non può superare una certa percentuale del totale mediamente assorbito che oggi si aggira tra il 20 ed il 30%. Si stanno studiando nuovi metodi di accumulo aumentando quelli idraulici esistenti, generando idrogeno liquido da conservarsi ed impiegando batterie simili a quelle delle auto elettriche. Comunque, in ultima analisi, la questione sarà principalmente economica.

Centrali solari

Se per scoprire quando l'umanità ha cominciato ad utilizzare l'energia eolica abbiamo dovuto risalire ai primi mulini a vento di qualche secolo fa, per l'energia solare utilizzata da essere viventi dobbiamo risalire a miliardi di anni fa.

Infatti, è all'energia solare che sul nostro pianeta dobbiamo far risalire la sopravvivenza di tutti gli esseri viventi; basti pensare con quanta efficienza le foglie delle piante riescano a raccogliere l'energia solare grazie alla fotosintesi ed alla clorofilla contenuta nelle foglie ed a trasformarla in energia vitale.

L'umanità non è ancora riuscita a raggiungere quell'efficienza, ma comunque, dalla metà del secolo scorso ha imparato a ricavarne direttamente energia elettrica, tramite le celle fotovoltaiche di cui ora tratteremo.

Sono due i metodi che noi oggi utilizziamo per produrre energia elettrica direttamente dal Sole: il fotovoltaico classico ed il fotovoltaico a concentrazione dei raggi solari.

Della concentrazione accenneremo alla fine di questo capitolo, anticipando qui che, a buon diritto, potrebbe far parte delle centrali termoelettriche sostituendo al forno, che vaporizza l'acqua, il recipiente che in questo caso viene riscaldato concentrandovi contro i raggi del sole provenienti da specchi opportunamente disposti.

Il campo del fotovoltaico è vasto ed in rapida evoluzione e, per quello che riguarda la parte elettronica delle celle, lo si potrebbe far rientrare in una delle lezioni sui semiconduttori presenti nei miei eBook della serie tecnologia e precisamente nel quarto, dove si spiega il movimento delle cariche elettriche in un cristallo semiconduttore.

In base alla struttura cristallina del materiale semiconduttore, si possono distinguere tre tipi diversi di celle solari: monocristalline, policristalline e amorfe.

In base alle tecnologie di produzione, le celle solari possono essere classificate, fondamentalmente, in quattro tipi: al silicio, a film sottile, multi-giunzione e organiche.

Esistono in sviluppo anche celle realizzate con materiali diversi, in particolare un nuovo materiale cristallino chiamato perovskite. Alla data di questa pubblicazione sembra il più promettente per poter realizzare pannelli solari a basso costo e ad alta efficienza. Inoltre, questo cristallo consente la realizzazione di celle solari molto sottili e flessibili … speriamo!

Prima di passare al funzionamento delle centrali fotovoltaiche, spendiamo qualche parola sulla fisica con cui operano le celle di silicio monocristallino, le più diffuse oggi.

Questa cella è praticamente un diodo semiconduttore costituito da una giunzione P-N e può essere rappresentata con il simbolo elettrico del diodo su cui incide la luce.

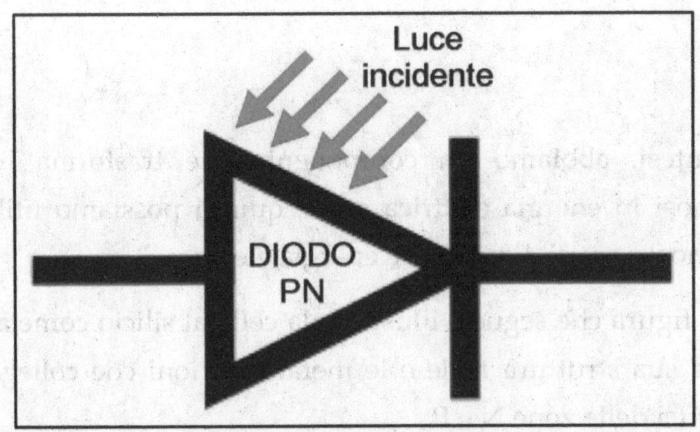

Nella fisica dei semiconduttori si spiega come i raggi di luce, cioè i fotoni, incidendo sul monocristallo di silicio, cedono la loro energia generando coppie di elettroni e lacune, queste ultime assimilabili a cariche positive, mentre gli elettroni sono negativi.

Queste cariche prodotte dalla luce formano quindi una corrente elettrica che circola sull'eventuale circuito esterno, che se è chiuso su una lampadina, la accende.

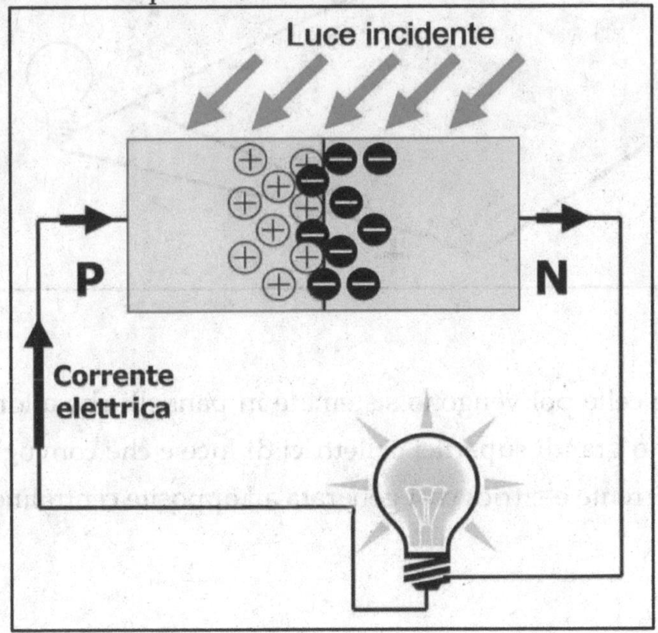

In sintesi, abbiamo un componente che trasforma i raggi luminosi in energia elettrica e che quindi possiamo utilizzare per i nostri scopi di produrre energia elettrica.

Nella figura che segue è illustrata la cella al silicio come appare con la sua struttura reale e le metallizzazioni che collegano le superfici delle zone N e P.

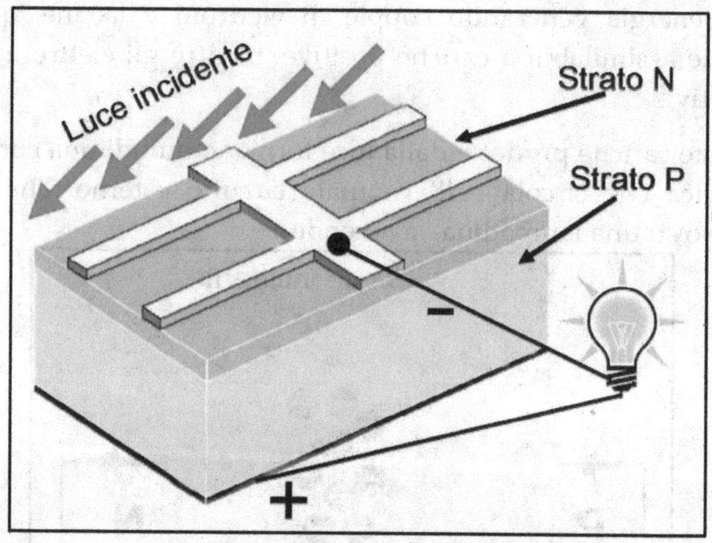

Queste celle poi vengono sistemate in pannelli che a loro volta formano grandi superfici collettrici di luce e che convogliano la loro corrente elettrica così generata ad apposite centraline.

Passiamo ora a considerazioni quantitative, limitandoci alle celle di silicio che sono le più utilizzate al momento.

Partiamo domandandoci quanta energia il nostro Sole ci invia sulla Terra prima che la luce penetri nell'atmosfera da cui poi calcolare quanta ne possiamo raccogliere con i nostri pannelli.

Il nostro caro Sole ci invia circa 1,37 kWh ogni ora su ogni metro quadrato e questa è la quantità di energia che i pannelli solari utilizzati sui satelliti artificiali riescono a raccogliere in orbita.

L'atmosfera filtra questa energia e sulla superficie terrestre nelle migliori condizioni arrivano 0,5 - 0,8 kWh/mq in pieno Sole energia raccolta da pannelli solari con una efficienza media del 10% e che genereremo alcune decine di Watt/ora per metro quadrato sempre in pieno sole.

Naturalmente questo è un conteggio di prima approssimazione, in quanto sul mercato esistono pannelli solari con efficienza di conversione che vanno dal 3% al 20% e con nuove generazioni si pensa di arrivare ad un'efficienza anche del 30%.

L'unico modo per conoscere quanto questo tipo di centrali può collaborare realmente alla produzione mondiale di elettricità è considerare i consuntivi dei grandi impianti nel mondo riportati alla fine di questo capitolo.

I parametri che influenzano la resa di una centrale a pannelli solari sono tantissimi ed esistono sistemi per il calcolo dell'energia producibile tenendo conto della località, tipo di pannelli, temperatura, ecc. e per chi volesse approfondire, esistono numerosi siti italiani ed il sito ufficiale Europeo "European Solar Test Installation" offre il simulatore PVGIS che consente di calcolare tutti i parametri in gioco per la realizzazione di centrali solari a celle fotovoltaiche in qualsiasi punto d'Europa

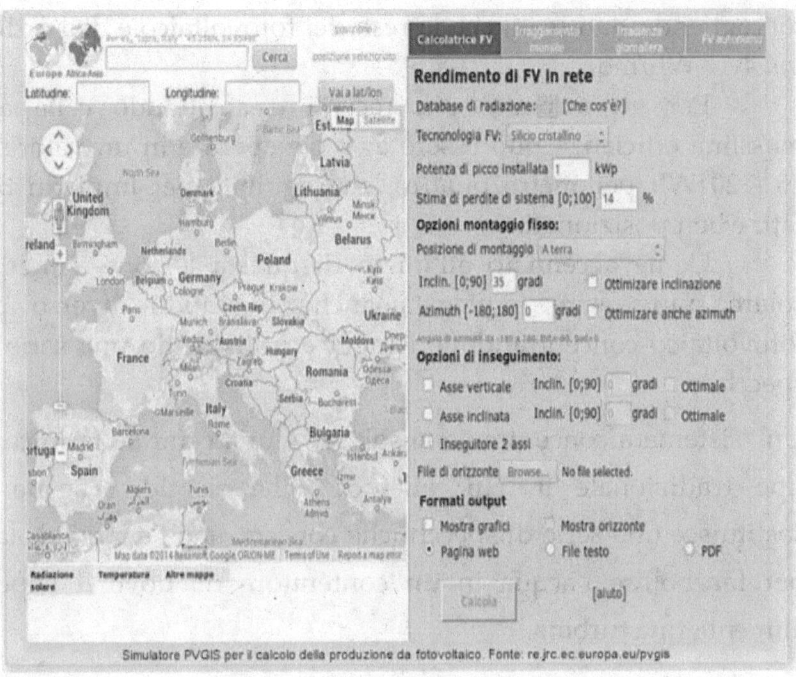

Simulatore PVGIS per il calcolo della produzione da fotovoltaico. Fonte: re.jrc.ec.europa.eu/pvgis

Volendo comunque conoscere con buona approssimazione la resa energetica reale di massima di un impianto a pannelli solari terrestri, la cosa migliore è utilizzare la vecchia massima di Galileo Galilei che in questo caso diventa: "Guardiamo gli esperimenti fatti con impianti esistenti".

Considerando come la Cina disponga degli impianti più importanti al mondo e con una potenza installata di Solare pari a 204 GW (Gigawatt), coprendo di celle 2.200 kmq con una produzione annua pari a 224 TWh (Terawattora anno), è facile calcolare che mediamente producono ad ogni ora circa 11 Wh per metro quadrato come media nazionale.

In uno studio canadese dei Prof. Denholm e Margolis intitolato: "Land-use requirements and the per-capita solar footprint for photovoltaic generation in the United States" (https://bit.ly/3Ec5f7q) sono giunti alla conclusione, raccogliendo dati reali, che la resa del fotovoltaico è dell'ordine dei 4-17 Wh/mq.

Per gli impianti più recenti e sfruttando celle alla massima efficienza può essere agevole sperare in un valore di 15 - 20 Wh per metro quadro, conseguibile per impianti ben fatti e ben posizionati.

Come accennato all'inizio di questa lezione, l'energia solare può essere impiegata anche in modo diverso dal fotovoltaico concentrandone i raggi e utilizzando una serie di specchi.

Un "sistema a concentrazione solare" è una centrale termica di tipo tradizionale in cui, al fuoco che riscalda l'acqua si sostituisce una serie di specchi che concentrano l'energia solare per far bollire l'acqua in un contenitore da dove il vapore alimenta una turbina.

Questo semplice principio ha dato origine a una molteplicità di configurazioni ed in particolari applicazioni si è cercato di fare in modo che il calore, generato concentrando i raggi solari, venga conservato per lungo tempo, anche tutta la notte, con lo scopo di ottenere una centrale solare che produca energia elettrica senza interruzione.

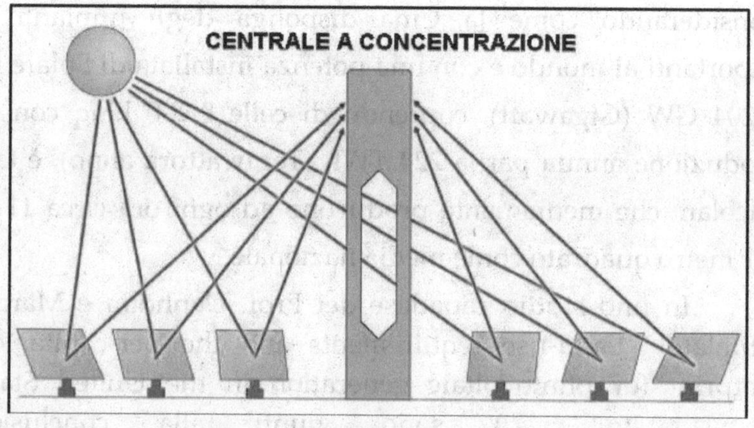

Questa soluzione offre un enorme vantaggio rispetto al fotovoltaico che per sua natura è molto variabile, dipendendo dalla presenza o meno del Sole.

Esistono numerose varianti e nuove ricerche sono molto promettenti facendo ben sperare che questa sia la via per la realizzazione di importanti impianti, sostitutivi di centrali termiche tradizionali, ma il percorso è molto lungo.

Per conservare il calore per lungo periodo si sono creati fluidi speciali sostitutivi dell'acqua capaci di mantenere una temperatura costante anche per molte ore di mancanza d'insolazione e di raggiungere temperature superiori ai 700 gradi centigradi.

Anche il modo di concentrare i raggi del Sole ha avuto grandi sviluppi e dagli originali specchi piani si è passati a specchi concavi a inseguimento del sole e in futuro s'intende impiegare anche sistemi a lenti molto compatti.

Seguono le immagini di alcuni impianti a energia solare concentrata e chi volesse approfondire l'argomento, può consultare la scheda dell'IEA.

CENTRALI SOLARI NEL MONDO

Le 11 più grandi centrali solari del mondo sono:

Sweihan Power Project, UAE: 1,18 GW, 5,2 TWh, kmq 7,8

Kurnool Solar Park, India: 1 GW, 7 TWh, kmq 23

Longyangxia Dam Solar Park, Cina: 0,85 GW, 3,7 TWh, kmq 27

Enel Villanueva Plant, Mexico: 0,83 GW, 2 TWh, kmq 24

Kamuthi Solar Power Station, India: 0,65 GW, 1,6 TWh, kmq 10

Solar Star Projects, US: 0,58 GW, 2 TWh, kmq 32,

Topaz Solar Farm, US: 0,55 GW, 1,7 TWh, kmq 47

Bhadla Solar Park, India: 2,25 GW, 9,5 TWh, kmq 62

Pavagada Solar Park India 2 GW, 9,3 TWh, kmq 53

Benban Solar Park, Egypt 1,65 GW, 3,4 TWh, kmq 37

Tengger Desert Solarpark, Cina: 1,55 GW, 6,2 TWh kmq 43

Facendo la media di tutti questi impianti si ricava una produzione energetica media annua di 141 GWh per kmq di terreno occupato.

NOTA IMPORTANTE. Come per l'**energia eolico anche l'energia solare descritta in questo capitolo è variabile dipendendo dalla variabilità dell'insolazione delle celle. Come si è spiegato nel capitolo relativo le RETI ELETTRICHE, è fondamentale ricordare che per mantenere in funzione una rete elettrica interconnessa, l'assorbimento da parte dell'utenza e la fornitura della rete devono mantenersi sempre identiche. Per far questo con le reti esistenti l'energia variabile immessa in rete non può superare una certa**

percentuale del totale mediamente assorbito che oggi si aggira tra il 20 ed il 30%. Si stanno studiando nuovi metodi di accumulo aumentando quelli idraulici esistenti, generando idrogeno liquido da conservarsi ed impiegando batterie simili a quelle delle auto elettriche. Comunque, anche in questo caso, la questione sarà principalmente economica.

Centrali atomiche a fusione

In precedenza, abbiamo visto come l'energia atomica consenta la generazione di grandi quantità di energia trasformando la materia in energia, secondo l'equazione di Einstein E=mc^2.

Ma non esiste solo la fissione nucleare per liberare questa energia, è noto come si possa effettuare questa trasformazione da massa ad energia con la così detta "fusione atomica", quella della bomba H, o bomba all'idrogeno, per intenderci.

A questo riguardo è veramente incredibile come l'umanità trovi prima il modo d'impiegare queste formidabili conoscenze tecnologiche per fare bombe e poi per applicarle per attività pacifiche … e per le attività pacifiche ci impiega decenni mentre per la bomba atomica ci ha messo tre anni!

La bomba H fu la conseguenza logica della prima bomba atomica, detta bomba A, quando si capì che si poteva generare molta più energia fondendo insieme atomi di idrogeno, anziché spaccare gli atomi dell'isotopo dell'uranio 235.

Solo che per fare quell'operazione di fusione dell'idrogeno, occorrono pressioni enormi e temperature di decine di milioni di gradi.

Fu a quel punto che qualche genio, sia al di qua della cortina di ferro sia al di là, pensò che si potevano creare quelle pressioni e quelle temperature facendo esplodere una bomba atomica a fissione che a sua volta creasse le condizioni per la fusione nucleare.

E così si cominciarono a fare ed a sperimentare molte bombe H, cha avevano al loro interno delle bombe atomiche a fissione, che avevano al loro interno della dinamite per creare la necessaria catena di esplosioni ... proprio una bella catena che in milionesimi di secondo potevano radere al suolo l'intero nostro pianeta!

Il processo dell'esplosione H avveniva iniziando dalla dinamite che esplodendo comprimeva masse separate di uranio 235, o plutonio, creando la massa critica che innescava la fissione nucleare. Questa esplosione cerava temperature di decine di milioni di gradi e pressioni inimmaginabili, simili a quelle del centro del Sole che fondevano una certa massa d'idrogeno e suoi isotopi, provocando un'esplosione cento volte più potente della bomba atomica e il tutto in microsecondi.

Un bel giochino davvero, che speriamo di non sperimentare mai sulle nostre teste!

Quegli sviluppi, un po' pericolosi, ebbero comunque qualche lato positivo come quello della costruzione delle centrali atomiche a fissione che abbiamo già visto e, forse nel futuro, centrali atomiche a fusione, molto più ecologicamente pulite.

Questo capitolo è dedicato a dare uno sguardo a questo nuovo tipo di centrale atomica che, secondo alcuni scienziati, risolverebbe nel mondo la fame di tanta energia e per di più senza i problemi delle scorie radioattive.

Vediamo subito perché questa energia dovrebbe essere pulita, anche se per la verità qualche scienziato ha già ammesso che totalmente pulita proprio non sarà dovendo utilizzare anche il trizio, un isotopo dell'idrogeno, molto radioattivo, ma richiesto in minime quantità.

Nel capitolo della centrale atomica a fissione abbiamo visto come in sostanza gli elementi attivi sono l'uranio 235 e il plutonio, ambedue elementi molto radioattivi e tossici ed impiegati in tonnellate.

Abbiamo anche visto come la fissione non sia altro che il bombardamento di atomi pesanti da parte di neutroni, atomi che colpiti si spezzano, dando origine a nuovi elementi radioattivi più leggeri ed a energia.

Il risultato quindi, piuttosto pesante per la nostra vita, è che le centrali atomiche oggi in funzione ed anche quelle progettate sono dei grandi contenitori di elementi radioattivi e che generano scorie tossiche per centinaia di migliaia di anni.

Con la fusione atomica invece non generiamo nuovi elementi radioattivi partendo da elementi già radioattivi, ma fondiamo insieme atomi di idrogeno per formare atomi di elio, un gas assolutamente inerte ed utilizzato anche per gonfiare i palloncini dei nostri figli.

Questo processo è analogo a quello che avviene al centro del Sole e che lo tiene in vita da 5 miliardi di anni e che pare lo farà ancora per altri 5 miliardi di anni per la gioia dei nostri pronipoti: si tratta sostanzialmente di un processo ecologicamente pulito.

Sarebbe perfetto per l'umanità, solo che per innescarsi questo processo ha bisogno di una temperatura di almeno 30 milioni di gradi centigradi ed alcuni milioni di atmosfere di pressione, facili da ottenersi facendo esplodere una bomba atomica, come abbiamo visto, ma piuttosto complicato da creare in un pentolone, comunque formato.

Nonostante questi apparentemente invalicabili ostacoli, esiste un progetto internazionale denominato Iter, a cui anche l'Italia partecipa, che intende produrre le condizioni di una fusione nucleare controllata e continua intorno all'anno 2025, dopo di che, con i dati acquisiti, si partirebbe per la costruzione di una centrale a fusione per applicazioni pratiche, che dovrebbe vedere la luce nella seconda metà di questo secolo.

Stiamo pertanto parlando di qualcosa che, se tutto andrà bene, produrrà degli effetti pratici per tutti noi, o chi al momento ci sarà, verso la fine del secolo, a meno che la comunità non concentri sforzi ed investimenti in questa direzione, ma sembra che non ne abbia molta voglia.

Perché è così importante riuscire nell'intento e perché sono già stati spesi molti miliardi di dollari e migliaia di scienziati di tutto il mondo ci stanno lavorando alacremente?

Perché, se l'umanità riuscirà a produrre l'energia che ci serve con lo stesso metodo con cui la natura alimenta le stelle, noi avremo energia a disposizione infinita e potremo fare a meno di tutto il resto, compreso carbone, petrolio, gas e uranio. Inoltre, le riserve di energia fossile si stanno esaurendo ed in meno di cinquanta anni non ci sarà più gas e petrolio da bruciare!

Vediamo cosa succede all'interno del Sole e di tutte le stelle del firmamento che noi ora stiamo cercando di imitare.

Nell'universo l'elemento più comune è l'idrogeno, che è anche l'elemento più semplice, formato da un protone al centro e un elettrone che gli gira intorno.

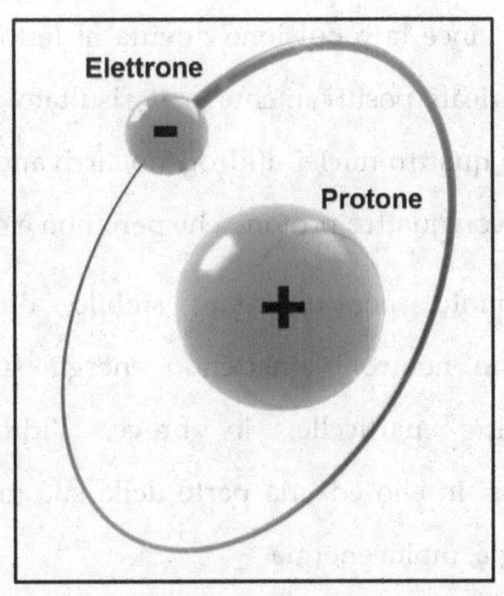

Questo piccolo e modesto atomo è il carburante che alimenta l'universo ed il nostro Sole e con la fusione atomica si sta cercando di farlo diventare anche il nostro carburante per sempre nel futuro.

Al centro del Sole fa piuttosto caldo, intorno ai 30 milioni di gradi centigradi e la pressione raggiunge livelli enormi, dell'ordine delle centinaia di miliardi di atmosfere, un ambientino piuttosto inospitale per noi.

Con quelle pressioni e quelle temperature gli atomi d'idrogeno perdono il loro elettrone e i protoni rimasti da soli sono pressati uno contro l'altro.

La pressione vince la repulsione dovuta al fatto che i protoni sono tutti caricati positivamente e il risultato è che quattro protoni, ossia quattro nuclei d'idrogeno, arrivano a formare un unico nucleo con quattro protoni, che però non è stabile.

A questo punto, per diventare stabile, due protoni si trasformano in neutroni emettendo energia sotto forma di fotoni e altre particelle; in breve, l'idrogeno brucia trasformandosi in elio ed una parte della sua massa originale diventa energia, molta energia.

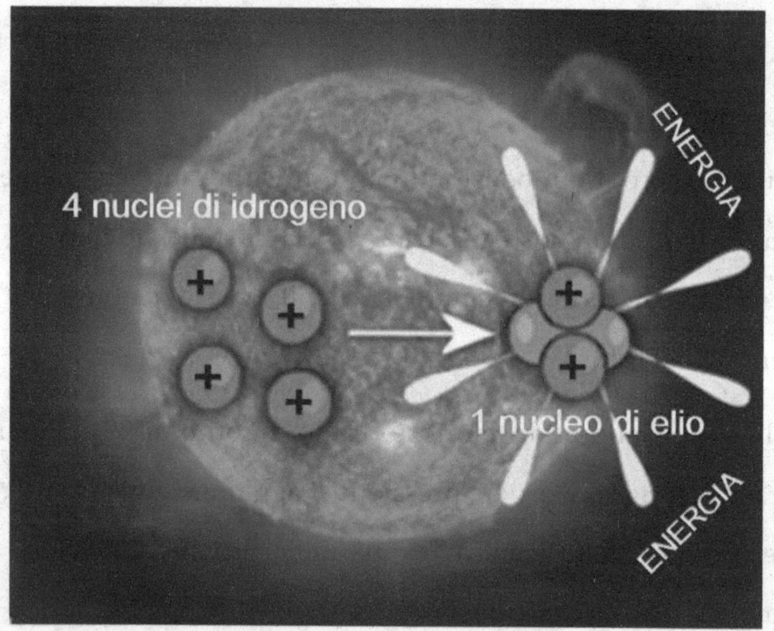

Il progetto Iter intende mettere insieme una macchina che riproduca in modo permanente questo processo, cioè trarre energia facendo collidere elementi leggeri come l'idrogeno ed i suoi isotopi (deuterio e trizio) per dare origine a nuclei d'atomi di elio con il contemporaneo sviluppo di energia termica, utilizzabile per produrre energia elettrica.

Appare evidente che, avendo idrogeno e dei suoi isotopi estraibili dall'acqua di mare, si potrebbe avere energia senza limiti e non inquinante.

Si sono citati anche gli isotopi dell'idrogeno solo perché con questi pare sia più facili ottenere la fusione in condizione di pressione meno pesanti di quelle presenti nel Sole, ma con temperature oltre i cento milioni di gradi centigradi.

Chi fosse interessato può approfondire il tutto sul sito del progetto Iter, mentre per quello che riguarda noi, limitiamoci a quanto segue.

Come si può immaginare il problema più difficile per creare una fusione atomica controllata è, dove riuscire a contenere qualcosa a oltre 100 milioni di gradi centigradi.

Non esiste alcun materiale che potrebbe resistere a temperature simili, per cui si è pensato di confinare l'idrogeno da riscaldare o meglio il plasma, come si chiama la sostanza da riscaldare, utilizzando potenti campi magnetici.

Una volta confinato all'interno di questi campi, si riscalderebbe l'idrogeno con vari metodi allo studio, dal laser alle onde elettromagnetiche, ma non certo con una bomba atomica che farebbe qualche disastro.

Nel passato si è già creata una fusione controllata di idrogeno, ma solo per minime frazioni di secondo. Questo fu ottenuto dagli scienziati russi con una loro apparecchiatura denominata Tokamak e, sulla falsariga di questa macchina, l'ambizioso progetto Iter intende provare come si possa creare una fusione atomica che duri nel tempo e che generi più energia di quanta ne consuma per funzionare.

In questo consiste Iter, il grande progetto che si sta sviluppando in Francia, nella città di Cadarache, a nord di Marsiglia, e le cui previste fasi sono riportate nell'immagine che segue.

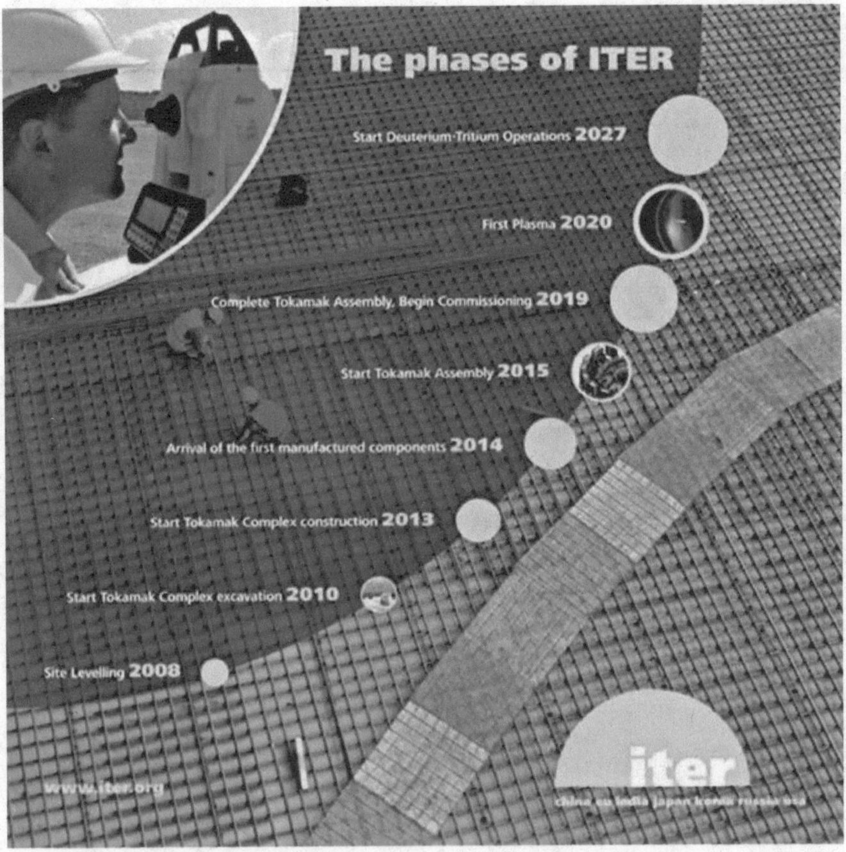

The phases of ITER

Start Deuterium-Tritium Operations 2027

First Plasma 2020

Complete Tokamak Assembly, Begin Commissioning 2019

Start Tokamak Assembly 2015

Arrival of the first manufactured components 2014

Start Tokamak Complex construction 2013

Start Tokamak Complex excavation 2010

Site Levelling 2008

www.iter.org

iter

La struttura in costruzione di Iter.

La planimetria di Iter.

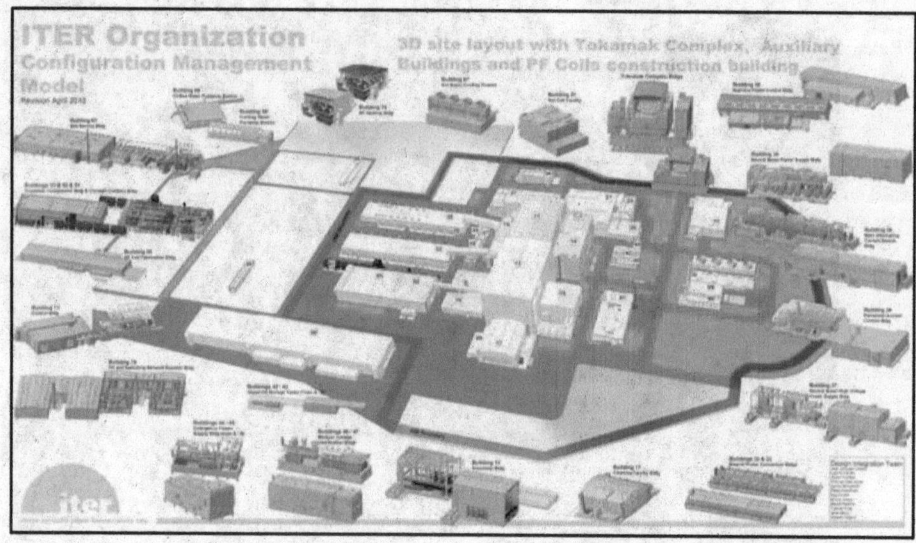

www.ingramcontent.com/pod-product-compliance
Lightning Source LLC
LaVergne TN
LVHW030216230826
846093LV00010B/481
9798671864311